金融投资经典

反"常识"投资

(原书第2版)

The Little Book of Market Myths
How to Profit by Avoiding the Investing Mistakes Everyone Else Makes
(Second Edition)

[美] 肯·费雪　劳拉·W. 霍夫曼斯　克里斯·恰尔米耶洛　著
　　(Ken Fisher)　(Lara W. Hoffmans)　(Chris Ciarmiello)

朱振坤　于红妮　译

机械工业出版社
CHINA MACHINE PRESS

Ken Fisher, Lara W. Hoffmans and Chris Ciarmiello. The Little Book of Market Myths: How to Profit by Avoiding the Investing Mistakes Everyone Else Makes, Second Edition.

ISBN 9781394283194

Copyright © 2025 by Fisher Investments.

This translation published under license. Authorized translation from the English language edition, Published by John Wiley & Sons. Simplified Chinese translation copyright © 2025 by China Machine Press.

No part of this book may be reproduced or transmitted in any form or by any means, electronic or mechanical, including photocopying, recording or any information storage and retrieval system, without permission, in writing, from the publisher. Copies of this book sold without a Wiley sticker on the cover are unauthorized and illegal.

All rights reserved.

本书中文简体字版由 John Wiley & Sons 公司授权机械工业出版社在全球独家出版发行。

未经出版者书面许可，不得以任何方式抄袭、复制或节录本书中的任何部分。

本书封底贴有 John Wiley & Sons 公司防伪标签，无标签者不得销售。

北京市版权局著作权合同登记　图字：01-2024-6274 号。

图书在版编目（CIP）数据

反"常识"投资：原书第 2 版 /（美）肯·费雪
（Ken Fisher），（美）劳拉·W. 霍夫曼斯
（Lara W. Hoffmans），（美）克里斯·恰尔米耶洛
（Chris Ciarmiello）著；朱振坤，于红妮译. -- 北京：
机械工业出版社，2025.8. -- ISBN 978-7-111-78641-2

Ⅰ. F830.91

中国国家版本馆 CIP 数据核字第 2025S11G25 号

机械工业出版社（北京市百万庄大街 22 号　邮政编码 100037）
策划编辑：杨熙越　　　　　　　　责任编辑：杨熙越　杨振英
责任校对：邓冰蓉　杨　霞　景　飞　责任印制：李　昂
涿州市京南印刷厂印刷
2025 年 8 月第 1 版第 1 次印刷
147mm×210mm・7.75 印张・3 插页・121 千字
标准书号：ISBN 978-7-111-78641-2
定价：69.00 元

电话服务　　　　　　　　　网络服务
客服电话：010-88361066　　机　工　官　网：www.cmpbook.com
　　　　　010-88379833　　机　工　官　博：weibo.com/cmp1952
　　　　　010-68326294　　金　书　网：www.golden-book.com
封底无防伪标均为盗版　　　机工教育服务网：www.cmpedu.com

译者序

本书的作者肯·费雪是菲利普·费雪的儿子,也是非常成功的投资家。后者因为《怎样选择成长股》一书而被世人熟知,其核心的投资思想是"以合理价格买入伟大公司"。巴菲特深受菲利普·费雪的影响,芒格亦对其推崇备至。

肯·费雪指出,父亲的投资理论"简单到只需两三页纸就能说清楚",但掌握它们却像"演奏与编曲的区别"。通俗的说法是,"投资的道理都懂,却赚不到钱"。那么,"知道"和"做到"的差距在哪里呢?可以在本书中找找答案。

反思"常识"

肯·费雪在本书中纠正了许多人们普遍接受但其实是谬论的"常识",如书中提到的债券比股票更安全,保本和增值可以同时实现,GDP增长和股市涨跌会同步,购买高股息股票可以获得稳定的收益,小盘价值股更胜一筹,设置机械的止损策略,汇率和股市密切相关,跟随大众新闻买卖股票,等等。

上述"常识"在国内也普遍存在。例如,经过3年熊市,人们普遍认为股市很容易亏钱,目前国内居民存款高达160.47万亿元,而5年期定期存款利率仅有1.3%。[一]即使如此,他们也不买估值很低、股息率超过5%的优质股票。如本书第1章和第5章所述,波动并不等于风险,但规避短期的波动将使长期收益率大打折扣。

[一] 根据中国人民银行《货币政策执行报告》,截至2025年第一季度,我国国内居民存款高达160.47万亿元。定期存款利率参考2025年5月20日中国人民银行公布的城乡居民存款挂牌利率,国有六大行及股份制银行均执行此利率。

又如，投资者总是错误地将 GDP 增长和股市涨跌关联起来，认为 GDP 表现好，股市就会涨。事实上，两者并不直接相关。过去 40 多年中国经济长期高增长，但股市却大幅波动；同期美国 GDP 增速不足中国的三分之一，但美股却屡创新高。

本书在第 6 章详细地分析了背后的原因。事实上，GDP 衡量的是经济的产出，而股票衡量的是上市公司的盈利和前景。GDP 增长率每年的比较基数都会更新，而线性的股票走势叠加复利效应，会显得后期的涨幅和波动过大。另外，GDP 仅能反映经济的流量，而股票代表企业前沿的创新，无法反映在经济流量指标中。

明白了这个道理，如果还有人说，未来经济增速下降，股市没有大机会，其观点就不值一驳了。

再比如，国内大部分以"绝对收益"为目标的机构投资者，如公募基金专户、证券公司自营、保险等，都有止损制度。肯·费雪在第 11 章详细解释了，通过机械的止损策略并不能减少损失。因为止损策略隐含"下跌趋势将持续"的逻辑，但股价并无序列相关性。止损点（如 -10%、-20%）的选择具有随意性，没有实证数据的支持。市场整体波动非常常见，个股可能随大势下跌，止损会导致低位卖出优质资产，错失后续反弹。止损迎合了"损失厌恶"心理,即厌恶亏损更甚于追求收益,但长期成功的基金经理鲜少采用止损策略,因其无法平衡风险与收益。

止损制度体现了这些专业机构的"不专业",当然,就算它们明白其中的不合理,也不会将其取消。因为止损体现了它们的"风险控制",也避免了大幅亏损的"责任"。

投资就是"反常识"

本书适合喜欢思考的读者。投资需要批判性思维,轻易接受别人观点的人,不适合参与投资的游戏。

巴菲特说价值投资就是"用5角钱买1元钱的东西"。仔细思考就会发现,为什么市场出价5角的东西,你会认为其价值是1元钱呢?说明你的看法和市场是不一样的。所以价值投资者需要对公司的价值有独特的、超越市场的认知,才能找到投资机会。如果对投资的看法和大众一样,怎么能赚到钱呢?

事实上,每一个投资机会都来自在集体认知出现偏差时,理性个体却对此有清醒的认知,所以投资就是一个"反常识"的过程。与众不同的独特视角是至关重要的，保持少数视角而不是被多数派影响，可以让你离成功更近。日本著名投资人清原达郎的名言是，"投资起点是怀疑常识，包括教科书"。

价值投资的机会大致可分为两类。一类机会来自普遍的贪婪和恐惧，在繁荣时期，投资者仅关注积极因素，并做出有利的解释，而萧条的时候，仅关注消极因素，所以股市行情经常出现戏剧性的大起大落。

回顾历史，哪一次散户涌入、行情火爆的时候不是最佳的卖出时点？存款搬家的2008年，杠杆资金涌入的2015年，公募私募基金大卖的2021年……大众普遍癫狂的时候，也许就是最危险的时候。

与之相对地，哪一次大众恐惧的时候不是最佳的买入机会？1998年东南亚金融危机、2008年美国金融危机、2012年欧债危机、2018年中美贸易摩擦、2024年中国香港被称为金融中心遗址……经历过那么多坎坷之后，股票市场都会重新崛起。

另一类机会就是优质公司遇到了问题股价大跌。看似影响很大，实际只是暂时的问题，随着时间推移问题能够得到解决，公司价值回归。例如，巴菲特在"色拉油危机"中买入的美国运通；2012年因受政策影响，市盈率跌到个位数的贵州茅台；2022年因大股东减持、游戏监管、短视频冲击，股价下跌70%多的腾讯控股等，这类例子不胜枚举。

从后视镜的角度来看，这些股票后续上涨幅度可观，但在当时买入是需要很大勇气的。在那个时候，人们的"常识"就是这些公司的问题很大、很严重。他们会问："你怎么会买这个公司呢，你不知道它现在问题很大吗？"

人们倾向于以符合主流叙事的方式来解释事物，并且过度关注暂时的问题。随着股价下跌，人们还能倒推出下跌的理由，循环论证。殊不知，股价已经充分反映了利空，投资的机会已经出现。

格雷厄姆在《证券分析》一书的扉页中，引用了古罗马诗人贺拉斯的诗句："现在已然衰朽者，将来可能重放异彩。现在备受青睐者，将来却可能日渐衰朽。"

理性应对复杂问题

"反常识"并非一味反对，而是要努力提出一些问题，形成自己的观点。费雪在本书中给出了几个方法：

反过来想是否成立，查阅历史，进行简单的相关性分析，在特定背景下思考数字的规模，以及进行全球化思考。这里我们可以进行一些进阶思考。

首先，寻找清晰可理解的问题研究，而不是思考和分析那些含糊不清的概念、影响因素纷繁复杂的命题、非线性发展的复杂系统。

许多被投资者普遍接受的概念，都是定义不清、无助于深入思考问题的。比如"价值股"和"成长股"的分类：一是分类边界不清楚；二是企业是动态变化的，并非一成不变，容易固化偏见；三是机械地贴标签，容易导致非理性的决策；四是企业价值的本质仍是现金流折现。

还有大量猜测行情的术语，比如"牛市"和"熊市"、"右侧"和"左侧"、"反弹"和"反转"等，这些都只能事后判断，事前无助于投资决策。还有很多股评家经常使用的万金油话术，如"高抛低吸、谨慎参与、适时止盈"等，这些在投资实践中无异于废话。

其次，要时刻对经济和商业世界的复杂性保持清醒，复杂系统中没有简单的结论。

预测政治事件、宏观经济、原油、黄金、天气等难度很大，原因如下：很多因素都会影响结果，新因素不断增加；影响因素不确定，状态不稳定；因素间相互影响，是混沌和非线性的，线性外推的方法不可取；很多情况，只有事后才能看清；信息太多，难以收集，或超出处理能力。

举个例子，几年前投资者普遍认为，人口老龄化会带来医药股大牛市。殊不知，需求增长并不意味着利润的增长。随着药品集中采购，医药行业利润率承压，2021～2024年沪深300医药行业指数跌幅高达53%。

现在很多人认为，"人口红利终结必然导致经济衰退"，这个结论是对的吗？肯·费雪在本书中给出了研究方法——查阅历史，看看XYZ因素是否真的会导致坏结果。看看日本的数据，1994～2023年65岁以上人口占比从14%飙升至30%，但实际GDP从44.65万亿日元增长到55.65万亿日元，涨幅为24.6%。㊀可能的原因：一是劳动力效率提升完全对冲了数量衰减；二是企业海外收入占比大幅提高，抵消了国内劳动力成本上升的压力。顺便提一下，同期日经指数也上涨了92%，再次验证GDP和股市不同步。

最后，有些行业变化很快，企业家自己都无法预测

㊀ 人口老龄化数据来自日本厚生劳动省《人口动态统计》（2024版）。日本实际GDP数据来自Wind资讯。

未来几年的发展,一些投资者却能够通过纸上谈兵的假设、空中楼阁的想象,信心满满地"指点江山"。过去几年,京东、滴滴、阿里纷纷进行大手笔投资,布局社区团购,又黯然退场。美团通过巨额补贴杀入网约车市场,铩羽而归。阿里曾经全力做新零售,现在甩卖相关资产,承认失败。这些错误决策都产生了数百亿元的亏损。这些案例有一个共同的深刻教训:快速变化的行业,很可能深藏着巨大的价值破坏。

建立思考的框架

投资需要框架性、体系性的思考,如果不去探究投资的基本规律,永远都会纠结于表面的肤浅的老问题。诸如,未来几天股票的涨跌,最近市场热门的板块是哪些,选择价值股还是成长股,宏观经济很差要不要清仓,等等。这些都是财经媒体经常讨论的"常识"性话题,却偏离了投资的正途,是不需要花时间思考的问题。

股票的本质是上市公司的股权。如果将所有投资者视为一个整体,那么股票的盈利,归根结底对应的是上市公司给投资者创造的回报。这种回报以股价上涨带来的资本利得,或者分红,或者回购,或者其他形式返给投资人。这是股票投资的第一性原则。

什么才是"最佳"的投资方式?答案就是:以便宜的价格,买入能给投资者带来回报的优质公司。所以要思考企业的商业模式、竞争力和可预测的价值。在这个更明了的框架下,探求一种更清晰的、确定性更强的投资方式。我相信,这是股票投资的最佳方式。

其他所有涉及的股票投资问题,都可以从这个角度思考。比如,如何看待股价的波动,如何看待管理层,宏观经济不好怎么办,应该持股多长时间,是否应该止损,如何面对失败,等等。

很多投资者的偶像是巴菲特,他也不厌其烦地通过致投资者的信和股东大会传授价值投资的方法,诸如"在能力圈之内""寻找有竞争力的好公司","等待价格远低于价值"的时候买入,"耐心等待价格回归价值",这些投资者都耳熟能详。但如肯·费雪所说,理论和实践的鸿沟,正是投资艰难之所在。

投资对人的思辨能力要求极高,能达到价值投资要求的人极少。如果不能比市场更了解企业,或者更准确地对企业价值估值,那么就无法超越市场。这需要独到的商业眼光、强大的思辨能力，以及坚定的信念。

　　本书给出了重要的启示，投资中让别人替我们思考是危险的。不要盲目接受经济学家、证券分析师、新闻记者和网络大V们的解释，不要轻易决定接受哪个结论、反对哪个结论，那些观点都需要进一步研究，透过表面现象，挖掘可以被数据证实和检验的真相。

朱振坤
任职于海南夏尔私募基金管理公司

前　　言

　　质疑自己是困难的。

　　这是我们最难做（或者不去做）的事情之一。人们不喜欢质疑自己。因为一旦质疑，可能会发现自己错了，这会带来羞耻和痛苦。人类经历了漫长的进化过程，采取了许多非正常并且往往不理性的措施，就是为了避免羞耻和痛苦。

　　这些本能帮助我们远古的祖先躲过了猛兽的利爪，熬过了漫长的寒冬。然而，在面对更现代的问题，比如经常违反直觉的资本市场时，这些根深蒂固的本能往往是错误的。

我经常说，投资成功里面，避免错误占三分之二，做正确的事情占三分之一。如果能避免错误，你就可以降低失误率。仅此一点就会改善投资业绩。如果能避免错误并且偶尔做正确的事情，你将会比绝大多数人做得更好。也许，比大多数专业人士还要好！

也许你认为避免错误是容易的，不要犯错就行了！但是，谁会故意犯错呢？投资者之所以犯错，并不是因为他们明知故犯。他们犯错是因为他们认为自己在做出明智的决定。这些决定他们做过无数次，也看到其他聪明人做过。他们认为这些决定是正确的，因为他们从未质疑过。

毕竟，质疑那些"众所周知"的事情有什么意义呢？或者质疑"常识性"的东西？或者质疑那些比你更聪明的人教给你的东西？

这不是浪费时间吗，对吧？

不！你应该始终质疑你自以为知道的一切。不是一次，而是每次做投资决策时都要质疑。这并不难——至少在操作层面不难，尽管在情感和本能上可能会有些困难。最坏的结果是什么？你发现自己一直都是对的，这很有趣。没有损失，也不会丢脸！

或者……你发现自己错了。而且不仅是你错了，还有无数人也和你一样，相信了一个虚假的真理！你揭开了一个所谓"常识"㊀的面纱。而发现你曾经深信不疑的事情其实是个谬论，能让你避免犯下可能代价高昂的错误（或者避免重蹈覆辙）。这并不羞耻，反而很美好——甚至可能获益颇丰。

好消息是，一旦你开始质疑，事情就会变得越来越容易。你或许觉得这不可能做到。毕竟，如果这很容易，岂不是每个人都会去做？（答案是否定的。大多数人更喜欢那条从不质疑、从不感到羞耻的轻松之路。）但你可以质疑任何事情——而且应该质疑。从那些你在报纸上读到或在电视上听到并点头认同的事情开始。若你对其中的观点频频点头，便意味着你或许长久以来未曾深入思考过其中的真相，甚至未曾留意。

比如，几乎所有人都认为高失业率对经济不利，是股市的杀手。我从没听过有人说出相反的观点——高失业率不会导致未来出现经济灾难。然而，正如我在第 12 章中展示的，失业率是一个滞后的指标，并不能预示未来经济或市场的走向。更令人惊讶的是，经济衰退往往始于失业率处于或接近周期性低点时，而不是相

㊀ 英文 Myth，指被大众普遍认知和接受但实际上错误的观念。
——译者注

反。数据证明了这一点,而且一旦你站在 CEO 的角度思考(正如我在书中所解释的),你会发现这从根本上也是合理的。我用一些容易获取的公开数据揭穿了这个所谓的"常识"。这些数据随处可见,也很容易整理!但很少有人质疑这个"常识",所以它一直存在。

本书涵盖了一些最广为流传的关于市场和经济的"常识"——那些常常让人们错误地看待世界,进而导致投资失败的观点。比如,美国"债务过多",年龄决定资产配置,高股息股票能提供可靠的退休收入,止损真的能阻止损失,等等。其中许多"常识"我在之前的书中写过,但在这里,我将自己认为最严重的那些"常识"集中起来,用新的角度或最新的数据加以阐释。

当然,我之前写过许多关于这些"常识"的内容,正是因为它们被广泛、固执且错误地相信着。我猜,即使我在这里再次写到它们,也不会说服很多人(甚至大多数人)相信这些"常识"是错误的。他们更喜欢那条轻松的路,更喜欢那些"常识"。但没关系。因为你可能更喜欢真相——它能给你一种优势,一种避免仅仅因为每个人都相信的"常识",而基于错误的分析和基本理论做出投资决策的方法。

书中的每一章都专注于一个"常识"。你可以随意跳读！可以全部读完，也可以只读你感兴趣的部分。无论如何，我希望本书能帮助你更清晰地看待世界，从而改善你的投资结果。我也希望书中的例子能激发你自己去探索，从而揭开更多市场"常识"的面纱。

你会很快发现，这些章节中有一些共同的特点。可以说，这是一本"揭穿'常识'的操作手册"。我反复使用的策略包括以下几种。

- **简单地问："这是真的吗？"** 这是第一步，也是最基本的一步。如果你做不到这一点，就无法进行后续的步骤。

- **反直觉思考。** 如果"众所周知"某件事是对的，问问自己，反过来是否也能成立。

- **查阅历史。** 也许每个人都说 XYZ 刚刚发生了，这很糟糕。或者如果 ABC 发生了，情况会好得多。也许这是真的，也许不是。你可以查阅历史，看看 XYZ 是否真的总是导致坏结果，或者 ABC 是否真的总是带来好结果。有大量免费的历史数据可供你使用！

- **进行简单的相关性分析。** 如果每个人都相信 X 导致 Y，你可以检验 X 是否总是、有时或从未导致 Y。

- **比例化思考**。如果某个数字看起来大得吓人，把它放在适当的背景下。这可能会让你减少恐惧。
- **全球化思考**。人们常常认为美国是一个孤岛。其实不然——美国深受外部世界的影响，而且世界各地的投资者往往有相似的恐惧、动机等。

投资者容易陷入的"常识"不胜枚举——在此我无法一一列举。但如果你能深刻体会到质疑的美妙与力量，随着时间的推移，你会更少被有害的"常识"所蒙蔽，从而获得更好的长期收益。那么，让我们开始吧。

目　录

译者序
前　言

第1章　债券比股票更安全　/1

债券也是波动的　/3

股票比债券波动性小吗　/5

一切都是进化的错　/8

股票的上涨多于下跌　/9

股票更优，并且压倒性地击败债券　/11

股票的进化　/12

第2章　资产配置捷径　/ 19

资产配置决策至关重要　/ 21

正确把握投资期限　/ 23

通货膨胀的隐性侵蚀　/ 26

第3章　波动性仅仅是波动性　/ 29

利率风险　/ 31

投资组合风险与食物风险　/ 35

当机会不再敲门　/ 37

第4章　比以往波动更大　/ 41

波动性也会上升　/ 43

波动性是不可预测的　/ 46

波动性本身就是波动的，

　　而且并非呈上升趋势　/ 48

拥抱投机者　/ 50

第 5 章　终极追求：既保本又增值　/ 55

　　资金保本要求无波动性　/ 57

　　但增长需要波动性　/ 58

第 6 章　GDP 与股市脱节的危机　/ 61

　　GDP 衡量的是产出，而非经济健康　/ 63

　　政府支出减少是好事，不是坏事　/ 65

　　涨得太多、太快了吗　/ 67

　　什么是股票　/ 70

第 7 章　永远赚 10%　/ 73

　　股票收益虽好，但也是波动的　/ 75

　　别做定期存单（CD）玩家　/ 77

第 8 章　高股息：带来稳定的收入　/ 81

　　毫无保障可言的股息　/ 85

　　自创股息　/ 87

第 9 章　小盘价值股具有永久优势　/ 91

"永久优势"还是"追逐热点"　/ 93

市场经济的基础　/ 96

第 10 章　等到有把握之后再行动　/ 103

"伟大挫败者"的影响　/ 106

V 形反转　/ 109

第 11 章　一定要设置止损点　/ 117

止损的机制　/ 119

股价并非序列相关　/ 120

随意选择一个止损点　/ 122

第 12 章　高失业率拖累了股市　/ 125

像 CEO 一样看待问题　/ 127

经济先行，失业滞后　/ 129

股市真正先行 / 132

消费者支出极为稳定 / 135

生产者处于主导地位 / 140

第 13 章　高负债是大问题 / 143

政府在花钱方面是不明智的 / 145

正确看待债务 / 147

质疑精神至上 / 150

真正的症结：债务可负担能力 / 151

信用评级被下调后，债务成本反而降低 / 153

依赖其他国家 / 155

无处可去 / 160

第 14 章　美元强势，则股市强势 / 163

美元强弱，真的重要吗 / 164

波动相互抵消 / 166

从"四象限"思考 / 167

第 15 章　局势动荡将困扰股市　/ 173

第 16 章　无条件相信新闻　/ 189
换个角度看新闻　/ 191
把新闻当作情绪指标　/ 193
解读并利用新闻　/ 194
有效地解读媒体的基本原则　/ 196

第 17 章　这个投资好得令人难以置信　/ 199
分离决策者与托管人　/ 201
收益高且稳定——虚假　/ 204
收益超高——同样虚假　/ 205
形形色色的骗局　/ 209

注　释　/ 212
致　谢　/ 221

第1章

债券比股票更安全

"人们都认为债券比股票安全。"

即便在2022年债券市场遭受重创之后，这种信念依旧是不容置疑的资产管理信条——一种百分之百的、确信无疑的、如天空般澄澈的真理。毕竟，即使在异常糟糕的2022年，债券依然击败了股票。甚至探究股票可能更安全的想法，都显得有些离经叛道。

然而，那些被广泛、普遍、无例外接受的"常识"，往往最终被证明是完全错误的——甚至是颠倒黑白的。

那么，不妨大胆发问："债券真的更安全吗？"

乍看之下，似乎不言而喻，稳健前行的债券一般会比那些天生大幅波动的股票安全得多。但我要说，债券是否安全，取决于你对"安全"一词的理解。

"安全"并无确切的定义——它的解释空间非常宽

泛。举例来说，有人可能认为"安全"意味着预期内短期波动性水平很低。另一个人可能认为"安全"意味着他实现长期目标的可能性增加，而这可能需要更高水平的短期波动性。

债券也是波动的

在2022年，许多人经历了惨痛的教训，认识到并非只有股票才会大幅下跌——债券也会波动，有时也会大幅下跌！然而，这并非什么新鲜事。债券价格始终存在波动。债券价格与利率呈反向变动关系。如2022年那样，当利率上升，那时上市交易的债券价格就会下跌，反之亦然。因此，年复一年，随着利率上下波动，不同类别债券的价格也随之上上下下。某些类别的债券比其他类别更具波动性——但任何一年中，债券都可能产生亏损，甚至被视为基准的美国国债，在2022年也暴跌了17.0%。[1]

但总体而言，债券作为一个宽泛的投资品种，通常不会像股票那样在短期内剧烈波动。

这是一个重要的限定条件。在较短的周期内，如一年甚至五年，债券的波动性较低。它们的预期收益也较低。但如果你唯一的目标是减轻波动，而不是优先考虑更好的长期收益，那么这或许不会让你感到困扰。

图 1-1 显示了各种资产配置在 5 年滚动周期内的平均年收益率和标准差（衡量波动性的常用指标，与平均收益率不同）。配置组合包括 100% 股票、70% 股票/30% 固定收益、50% 股票/50% 固定收益，以及 100% 固定收益。

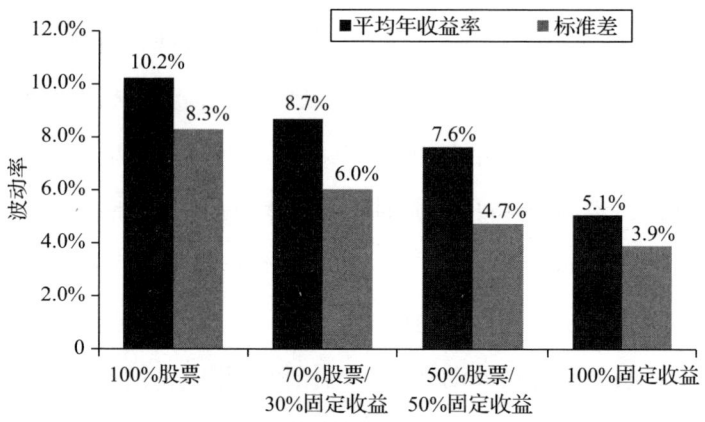

图 1-1　5 年周期视角：波动率

注：标准差代表了历史收益率的波动程度。这一风险衡量指标应用于图中的 5 年年化滚动回报。

资料来源：全球金融数据公司（Global Financial Data, Inc.），2024 年 2 月 21 日。美国 10 年期政府债券指数、S&P 500 总回报指数从 1925 年 12 月 31 日到 2023 年 12 月 31 日的每 5 年周期的平均收益率。

100% 股票的收益率更高。而且，不出所料，100% 股票的标准差高于任何包含固定收益的配置——平均而言，股票波动性更大。在五年滚动期间，配置中固定收益的比例越大，标准差就越低。

到目前为止，我还没有说任何让你感到惊讶的事情。人人都知道股票比债券更具有波动性。

股票比债券波动性小吗

但请稍等——如果你延长观察期，情况就会有变化。图 1-2 展示的分析指标与图 1-1 相同，但覆盖的是 20 年滚动周期的时间维度。100% 股票投资组合的标准差显著下降，与 100% 固定收益投资组合的标准差相差无几。股票的收益率仍然占据优势——但却有着类似的历史波动性。

这一现象在 30 年的时间跨度中越发显著——如图 1-3 所示。（如果你认为 30 年是一个难以想象的漫长投资期限，那么第 2 章正是为你而写！投资者常常设定了一个过于短暂的时间范围——而对于这本书的大多数读者来说，30 年的投资视野很可能并不合理。）在历史上滚动的 30 年周期中，100% 股票投资组合的标准差低于 100% 固定收益投资组合。股票的波动性减少了一半，但回报却更为可观！

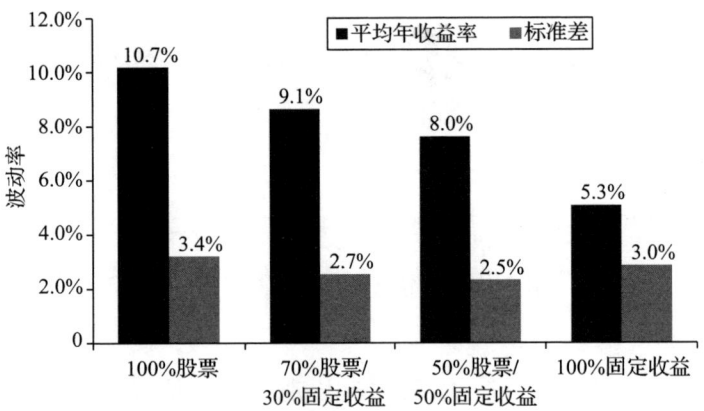

图 1-2　20 年周期视角：波动率

注：标准差代表了历史收益率的波动程度。这一风险衡量指标应用于图中的 20 年年化滚动回报。

资料来源：全球金融数据公司（Global Financial Data, Inc.），2024 年 2 月 21 日。美国 10 年期政府债券指数、S&P 500 总回报指数自 1925 年 12 月 31 日到 2023 年 12 月 31 日的每 20 年周期的平均收益率。

日复一日，月复一月，年复一年，股票可能会经历巨大的波动——通常这种波动远大于债券。经历这种波动可能会让人在情绪上感到难以承受，但短期内更高的波动性不应使你感到惊讶。金融理论认为本应如此。要想获得股票相对于固定收益资产的长期优越回报，你必须接受更高程度的短期波动。如果股票在年与年之间的平均波动性较低，它们的回报可能也会更低。就像债券一样！

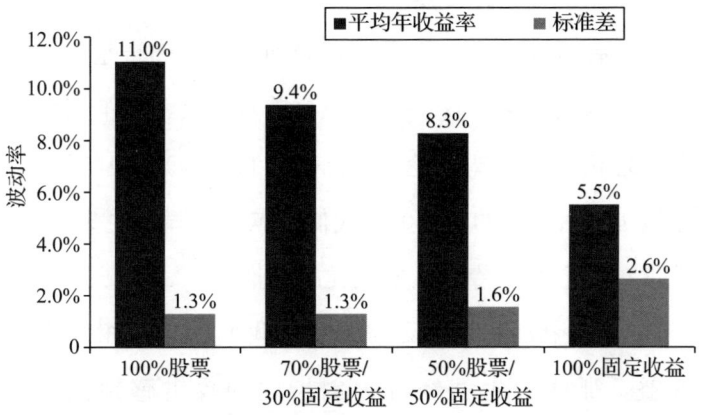

图 1-3　30 年周期视角：波动率

注：标准差代表了历史收益率的波动程度。这一风险衡量指标应用于图中的 30 年年化滚动回报。

资料来源：全球金融数据公司（Global Financial Data, Inc.），2024 年 2 月 21 日。美国 10 年期政府债券指数、S&P 500 总回报指数自 1925 年 12 月 31 日到 2023 年 12 月 31 日的每 30 年周期的平均收益率。

但如果再多些时间，那些月度与年度的剧烈波动最终会化解为更为稳定和一致的上升趋势。确实，波动是双向的。你可能不常听到这个观点（甚至从未听过），但数据证明，从历史上看，在更长的时间跨度内，股票的波动性实际上低于债券——并且还伴随着更高的收益率。

一切都是进化的错

既然如此,为何如此多的投资者对股票感到恐惧?答案很简单:进化使然。

已有研究证实,投资者感受到损失的痛苦是收益的喜悦的两倍还多。这一观点源自曾获诺贝尔奖的行为金融学理论——展望理论(Prospect Theory)。换句话说,危险(或感知到的危险)在我们的脑海中显得更为突出,胜过对安全的期待,这是人类的天性。

这种进化而来的反应无疑对我们的远古祖先大有裨益。那些天生就经常为剑齿虎的攻击感到忧虑的人,相较于那些懒散的同伴,生存下来的可能性更大。(与剑齿虎搏斗的最佳策略是避免卷入其中。)而那些对即将到来的冬天过度恐惧的人,可能会准备得更充分,面临冻僵或饿死的风险也更低。因此,他们更成功地将其警觉的基因传递了下去。但期待未来一切美好且无冰冻之虞,实际上并不会真正有助于物种的延续。

从进化历程完成的那一瞬间之后,我们大脑的基本功能并未发生太大的变化。如研究显示,平均而言,对美国投资者来说,10%的投资组合亏损带来的痛苦,大约等同于 25% 的收益带来的快乐。(欧洲投资者对损失的痛苦感受甚至更为强烈。)

股票的上涨多于下跌

这种思考方式和人们普遍的误解——股票常常大幅下跌——有什么关系呢？表 1-1 展示了在不同周期内，股票上涨与下跌的可能性。从每天来看，股票上涨的

表 1-1 历史上股票正收益的概率

S&P 500 指数的收益（截至 2023 年 12 月 31 日）					
	数量			占比	
	上涨	下跌	总数	上涨	下跌
每日收益	13 157	11 610	24 767	53.1%	46.9%
每月收益	739	436	1 175	62.9%	37.1%
每季度收益	270	122	392	68.9%	31.1%
每年收益	873	291	1 164	75.0%	25.0%
月度 1 年滚动收益	72	26	98	73.5%	26.5%
月度 5 年滚动收益	986	130	1 116	88.4%	11.6%
月度 10 年滚动收益	998	58	1 056	94.5%	5.5%
月度 20 年滚动收益	936	0	936	100%	0
月度 25 年滚动收益	876	0	876	100%	0

注：每日收益数据从 1928 年 1 月 1 日开始，仅基于价格增值；其他所有数据从 1926 年 1 月 31 日开始，反映总回报。

资料来源：全球金融数据公司，2024 年 2 月 23 日。S&P 500 总回报指数从 1926 年 1 月 31 日至 2023 年 12 月 31 日。

概率略高于抛硬币的结果。而下跌的日子往往是成群结队的。上涨的日子亦是如此！但因为我们对危险过于敏感，那些下跌的日子在我们的脑海中显得更为突出，尽管这并非现实。

从行为学的角度来看，不把眼光放得太短是非常困难的。但如果你能把观察周期稍微拉长一些，股票上涨的概率就会大大提高。历史上，股票在 62.9% 的日历月份中呈现上涨——尽管它们也常常集中出现。12 个月滚动周期中有 75.0% 的时间是上涨的。然而，新闻媒体和专家们总是过度紧张，仿佛熊市随时都在角落里潜伏。他们真正担心的应该是错过市场潜在的上涨（详见第 3 章），但这并不是我们的大脑自然而然就能做到的——我们的大脑与遥远的穴居祖先的大脑并没有太大不同。

历史清清楚楚地告诉我们——股票上涨的频率远高于下跌。在更长的时间跨度，如 20 年或更久，股票的波动性实际上低于债券。要克服这种根深蒂固的行为模式，以这样的视角思考确实不易，但如果你能做到，那么长期来看，投资股票（当然，前提是你拥有一个多元化的投资组合）的回报有更大可能会优于债券。

第 1 章　债券比股票更安全

股票更优，并且压倒性地击败债券

然而，有些人就是难以对抗数千年进化产生的认知，他们忍不住想："如果呢？"如果股票前景黯淡，后续表现糟糕怎么办？让我们来看看前景究竟如何。

投资有概率因素，而非是确定无疑的。投资中没有绝对确定——就算是国债，也可能在任意一年内贬值。（再次提醒，想想 2022 年！）你必须基于历史、基本经济原理以及你对当前状况的了解，理性评估各种结果的概率。

概率上，如果你有一个长期的投资视野，股票超越债券的可能性更大。但万一股票没有呢？自 1926 年以来（这是我们获得可评估的美国股票数据的最早时间，可以作为全球股票的合理代表），已经过去了 79 个 20 年滚动周期。在其中 77 个周期中，股票跑赢了债券（占比 97.5%）。[2] 在这 20 年间，股票的平均收益率为 806%，而债券为 232%——股票以 3.5∶1 的优势胜过债券。[3] 相当不错！然而，当债券跑赢股票时，平均优势仅为 1.1∶1——而且股票仍然是正收益，平均收益为 239%，而债券平均收益为 257%。[4]

在拉斯维加斯，概率越低，潜在的回报就越大。然而，这与股票和债券选择决策的方式正好相反。(这也是将投资比作赌博的人大错特错的另一个原因。)顺便一提，在30年滚动周期中，债券从未跑赢过股票。股票的平均收益率为2 359%，而债券为547%——股票以4.3∶1的优势超越。[5]

因此，是的，在较短的时间内，债券的平均波动性确实较低。有些人可能会称之为"安全"。但如果你的目标是长期内获得更高的回报，以增加实现目标的可能性，那么债券短期低波动性可能就没那么有用了。20或30年后，如果发现投资组合收益不足以满足你的目标，你可能会感到不那么安全——特别是考虑到在那个更长时间段内，股票的平均波动性可能会更低。

股票的进化

数据和历史证明，股票拥有卓越的长期回报。但还有一个额外的理由让我们相信，股票在未来长期内很可能继续保持优异的回报：股票自身在进化。

股票是一家公司所有权的一部分。总体来说，股票代表了商业世界的集体智慧。股票代表了未来技术进步的潜力,以及由那些创新带来的未来收益。

因此,商业世界和股票是彼此相互适应的。有些企业未能生存下来,它们失败了——但随即被更新、更好、更高效的事物所取代。这就是创造性破坏,它是推动社会福祉的强大动力。

公司永远有动力追逐未来的利润。无论遇到什么问题——能源、食物、水资源、疾病——总会有人(或某些人)找到方法,以前所未有的方式突破过去的创新,从而创造出新的事物,解决或极大缓解新出现的问题。我为什么能够做出这个判断呢?因为事情向来如此。

在1798年,托马斯·马尔萨斯牧师预测食物生产将很快达到顶峰——在他(相当缺乏想象力)的头脑中,世界根本无法生产出足够的食物来养活十亿以上的人口。他断然否定了食物生产"无限进步"的观念。

然而,世界人口达到七十亿之后,在许多发达国家中,我们面临的最大问题却是肥胖。

一次又一次,那些做出长期悲观预测的人们总被证明是错误的,因为他们的假设忽略了未来的创新和追逐利润的动力。我最喜欢的一个例子是,在1894年有人预测,伦敦不断增长的人口和工业将需要大量的马力,

所以到1950年伦敦将被九英尺①厚的马粪覆盖！⁶

他怎么可能预测到即将到来的内燃机革命，将使马车运输变成一种古老的遗迹？他不可能预测到，但他本可以更加相信那些渴望追逐利润的人们所释放的变革力量。

1968年出版的极受欢迎的《人口炸弹》（Population Bomb）一书做出肯定的判断，在20世纪70年代，饥荒将杀死数亿人。这种情况并未发生！主要归功于诺曼·勃劳格（Norman Borlaug，一个真正配得上获得诺贝尔和平奖的人）和他的矮秆小麦——更不用说在他之前数千年里不断涌现的农业创新者。

那些坚信"石油产量见顶"（传统石油生产量达到最高值）将是我们末日的人们，也未能预见这一切。在21世纪初，许多非常理性的人士断言，传统的石油生产已经达到极限——有些人将其定在20世纪70年代，另一些则认为是在20世纪80年代、20世纪90年代，甚至更近的时期。

接下来发生了什么？一场石油的盛宴！水力压裂和水平井钻探技术的崛起，掀起了页岩气开采的热潮。生

---

① 1英尺≈0.304 8米。

产商又将类似的技术应用于石油开采中。

成果昭然：探明原油储备是 1980 年的 2.6 倍，探明天然气储备更是高达 2.8 倍之多！[7]2024 年，美国成为世界石油产量最多的国家。技术的飞跃不仅让我们发现了更多的石油和天然气，还让我们找到了创新的方法，从之前被认为无法开采的地方获取石油和天然气。

然而，在此期间，消费整体和平均增幅却远不及此——仅增长了 58% 而已。[8]为何？因为我们经济增长的方式消耗更少的资源！在 1980 年，全球经济每生产 1 000 桶石油，仅能创造超过 50 万美元的国内生产总值。到了 2022 年，这一数字飙升至 280 万美元！[9]创新带来效率的大幅提升。

猜猜看，有什么并没有飙升？石油价格！诚然，我们见证了大涨。但总体而言，效率的提高和充足的供应让价格得以控制。

如今关于石油见顶的大多数讨论都集中在石油需求，而非供应上。有人认为电动汽车的崛起意味着石油开采技术的投资将会成为一种沉没成本。但这一切都建立在电动汽车突然占据主导的假设上——还有飞机、轮船等交通工具。这并不会很快发生。而且，即使需求稍有下降，价格也会相应调整。短期内的波动暂且不论，我预计石油开采在未来的数年里仍将是一个盈利且长期存在的生意。当你听闻关于石油峰值的话题——无论是供应还是需求——不妨将其视为无稽之谈。若你不信，不妨看看伦敦，它并未被九英尺深的马粪所埋没。

由利润驱动所释放的变革力量，凝聚于股票之中。债券固然不错，但它们并不代表未来的收益。债券是一种契约，购买债券，就获得了利息收益——仅此而已。但未来增长的收益终究会体现在股票上，一直以来的情况就是如此。

想想摩尔定律——这个由英特尔联合创始人戈登·摩尔在1965年提出的观点，认为集成电路上的晶体管数量大约每两年翻一番。尽管频繁有预言其终结的声音，摩尔定律却依然稳步前行。最初摩尔撰写这个话题时，展望了到1975年时将有65 000个晶体管集成在一块芯片上，这真是难以置信。[10] 而现在，我们正朝着2030年达到一万亿的目标迈进！[11] 还有香农-哈特利定理，它指出通过通信信道（比如光纤）传输信息的最大速率也在以指数级增长。

这一切意味着什么？我们习惯于认为进步是线性发展的，而实际上它是以指数级发展的——这些技术的交汇融合，意味着未来创新的速度将更快，因为由遥远地方互不相识的人们构想出的技术将以完全无法预测的方式相互融合，从而孕育出下一个拯救生命或改善生活的技术或流程。

若你以为今日的电子设备代表了人类智慧的巅峰，那么时间终将证明你错了。我不知道那将如何发生，发生在何时，但我无须知晓——我只需持有股票，便有机会从中受益。人类的天性并未改变，他们仍会自我激励，用自己的智慧去发明创造，从解决问题中获利。规律将一直如此。而从创新中获利最多的人并非技术专家。不是他们，而是那些学会如何包装、推广和销售这些创新成果的人——以及他们的股东。

第 2 章

资产配置捷径

"用 100 减去你的年龄,所得之数就是你应该投资于股票的比例。就这么简单!"

人类喜欢走捷径，在投资领域也不例外！我们总是渴望寻找更轻松的方法。看看那些"快速减肥"的噱头层出不穷，以及数不胜数的"快速致富"计划（其中大多数都是骗局——第 17 章将介绍更多相关内容）。

　　在金融理财圈子里，一个流行的方法是"用 100 减去你的年龄，所得之数就是你应该投资于股票的比例"。这条经验法则在杂志、博客上屡见不鲜——甚至一些专业人士也深信不疑！

　　还有一些变体，比如有些人说"用 120 减去年龄"。（仅凭这一点，你就应该对这条经验法则产生怀疑，因为它根据你选择的数据，会导致资产配置产生 20% 的变动。）

这种并不明智的投资方法之所以经久不衰，是因为它看起来简单易懂、具体直观。它为资产配置这个严肃的问题提供了一个快速便捷的解决方案。但任何关于你长期财务规划的建议，如果它看起来过于简单和容易，请务必保持警惕。更广泛地说，我们应该对投资经验法则持怀疑态度，甚至应该完全忽略它们。

资产配置决策至关重要

长期资产配置决策至关重要。如今，大多数投资专业人士都同意，长期资产配置决策是投资者做出的最重要的决策。有一项学术研究被很多人引用，该研究发现，随着时间的推移，投资组合中大约90%的回报可以归因于资产配置——股票、债券、现金、其他证券构成的资产组合以及各项所占的百分比。[1]

我们公司更进一步地研究了这个问题。你可以把它想象成图2-1中的漏斗。我们认为，资产配置决策——股票、债券、现金、其他证券的组合影响了70%的投资收益。我们认为，股票和债券的子资产配置（后续关于特定证券类别的选择决策）的规模、风格、国家、领域、行业、信用评级、期限等,这些影响了投资组合20%的收益。长期来看,平均而言,个别证券的选择影响了投资组合收益最后的10%,即你是持有百事可乐还是可口可乐、默克还是辉瑞、IBM还是微软的债券等。

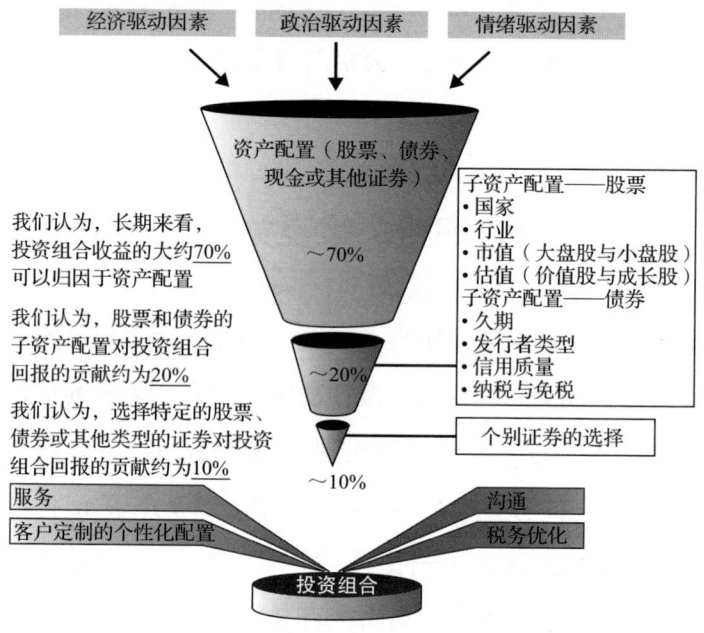

图2-1 资产配置影响:70/20/10

无论哪种方式,几乎没有人会否认资产配置决策对长期成功的重要性。那么,为什么有人会将它简化为一个简单的经验法则呢?相信这种观点的人认为,年龄,或者说只有年龄是唯一重要的因素。仅此而已!

这种千篇一律的思维方式假设同一年龄段的所有人都是相同的。我想不出还有什么比这更有害的经验法则了。它忽略了投资者目标、现在或未来可能需要的现金流、实现目标所需要的增长等因素。它忽略了当前环境、投资组合规模、投资者是否仍在工作等因素。它忽略了该投资者许多其他的独特的细节。它甚至忽略了配偶！在长期职业投资生涯中，我学到了很多东西——或许其中最重要的经验之一就是永远不要忘记配偶。这个规则同样也适用于你的个人生活。

是的，年龄很重要。它会影响投资时间范围。但时间范围只是应该与其他因素（如回报预期、现金流需求、当前环境等）一并考虑的一个因素（更多信息，请参阅我2012年的著作《规划你的财富》（*Plan Your Prosperity*））。这个经验法则的定义本身就忽略了所有这些因素。

正确把握投资期限

即便我能让人们不再仅仅根据年龄来思考，而是开始考虑投资期限——并且让他们接受投资期限是资产配置的重要因素之一，但并非唯一决定因素——人们往往还是对投资期限有着错误的认知。

他们常常这样想："我60岁了，计划65岁退休，所以我有一个5年的投资期限。"他们认为投资期限延伸到退休那天，或者他们计划开始支用现金流的日期，或是其他重要事件发生的日期。在我看来，这种思维方式可能会让你无法如愿，并导致犯错。更糟糕的是，这些错误可能要多年后才会显现——往往那时已经太晚，无法做出太多补救。

投资期限并非现在与某个重要事件发生时之间的时间段。投资期限是你需要资产为你工作的时间长度。对于许多个人投资者来说，这通常是他们完整的一生以及他们配偶的一生。永远不要忘记配偶。

图2-2展示了平均预期寿命，出自美国社会保障管理局。如果你是一位60岁的美国男性，社会保障管理局估计你的平均预期寿命还有20.5年。如果你是一位60岁的美国女性，你的平均预期寿命估计还有23.7年。

这是你的投资期限吗？也许是。你认为自己会是平均水平吗？如果身体健康、活跃，并且父母80多岁高龄时仍然健在，你很可能会超越平均预期——这意味着可能有30年（甚至更久）的投资期限。

第 2 章　资产配置捷径

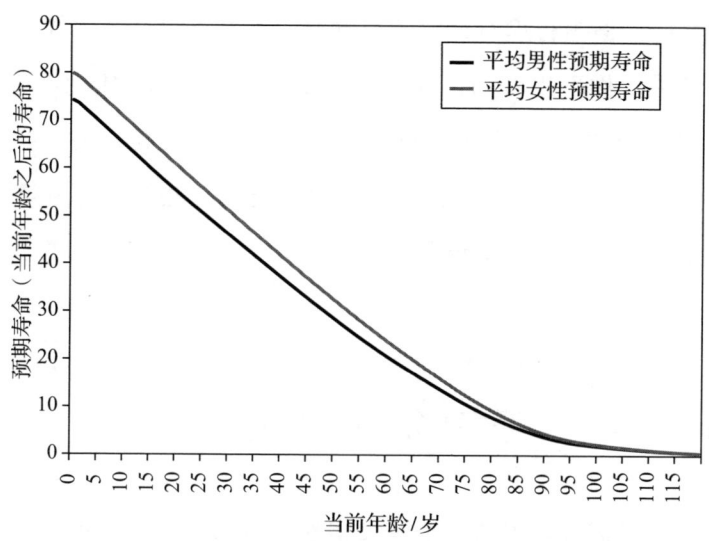

图 2-2　预期寿命越来越长

资料来源：美国社会保障管理局，2024 年 2 月 22 日。

另外，如果你是一位 60 岁的男性，娶了一位 55 岁的女性——她也同样健康、活跃。她的父母都 80 多岁了，仍然健在。而她的祖父母 90 多岁时去世——她有长寿基因。这意味着可能有 40 年甚至更长的投资期限——取决于你的其他目标是什么。如果目标是尽可能多地传承财富给子女，你可能需要考虑 40 年之后的事。如果目标只是支持你们两人度过退休生活，那么更应考虑你们自己的预期寿命。

你们两人可能会过早离世，从而打乱计划吗？当然可能。但银行里有足够的存款时去世并不是计划不周的结果。你不想做的是规划一个 25 年的投资期限，结果到了 85 岁发现钱几乎花光了。那时你不会高兴的。如果你的配偶活到 95 岁，他或她将更加无法接受那种境地——老年贫困是残酷的。

通货膨胀的隐性侵蚀

投资者常犯的一个较大错误是低估了自己的投资期限，未能规划足够多的增长来实现目标。许多投资者认为自己没有宏伟的增长目标，却忘记了：①即便在正常时期，通胀也在潜移默化地产生影响；②通胀对不同类别资产的影响并不均等。

确实，从 2021 年年末到 2023 年，每个人都感受到了通胀的咬噬。然而，并非只有价格飙升才会严重削弱你的购买力。假设你现在需要 50 000 美元来覆盖生活费用。如果按照长期历史平均通胀率（大约每年 3.5%）计算，10 年后，你将需要超过 70 000 美元。[2] 而在 20 年后，你将需要差不多正好 100 000 美元（见图 2-3）。

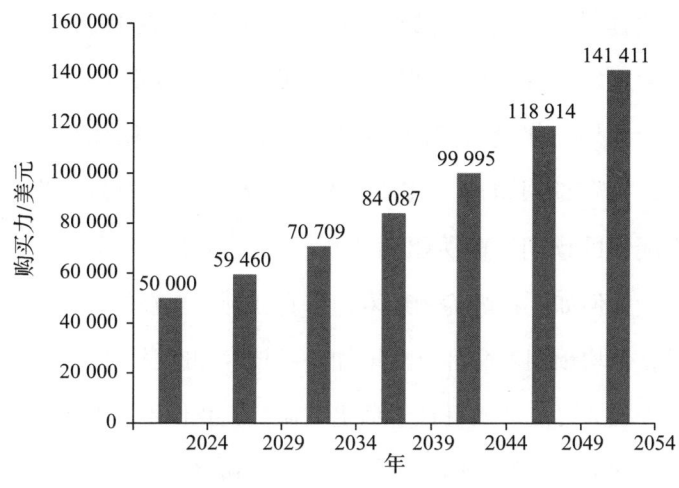

图 2-3　保持购买力

资料来源：全球金融数据，截至 2024 年 2 月 23 日。年均美国消费者价格指数，1947 年 1 月 31 日至 2024 年 1 月 31 日。

如果你是一位 60 岁的健康人士，再活 30 年完全是可能的。如果你 50 岁，再活 30 年也是稀松平常的。为了维持你 50 000 美元的购买力，30 年后，你将需要 141 411 美元！如果你依赖投资组合来提供全部或部分现金流以支付生活花销，并且投资期限很长，那么你可能需要一些资产增值，以提高你的投资组合持续增长的可能性，从而使你的现金流能够跟上通胀的速度。

但如果你已经 60 岁，按照经验法则，你的投资组合应该只保留 40% 用于投资股票。这将严重限制长期回报。通过低估投资期限和所需资产增值，投资组合恐将无法提供你未来所需的现金流。而如果你在10年或20年后才发现这一点，届时将无法做出太多改变了。

此外，你应当假设自己的预期寿命会稍微偏长，因此，投资期限也应当相应延长（如果投资期限是由你或你配偶的预期寿命所驱动的）。

为何如此？因为预期寿命一直在延长！在每一个十年里，平均预期寿命都有所增加。新技术和医学发现不仅使长寿成为可能，而且让生活更加愉快。我们不仅对于许多曾被视为绝症的疾病有了更好的治疗和控制的药物，我们还能够更早地检测出癌症、心脏病等。而且，不要低估运动能力的重要性。关节置换和人造肢体方面的巨大进步使得人们能够更长时间地保持运动能力，而运动能力强的人寿命更长。一个经常活动的身体拥有更健康的心脏。

在未来的时间里，这种创新很可能不会停止（原因详见第1章）。这意味着预期寿命很可能会继续延长，你的投资期限应当考虑到这一点。

如前所述，投资期限只是确定合适的长期资产配置（即基准）所需考虑的关键因素之一。它是一个重要的因素，但并非唯一因素，必须与回报预期、现金流需求、当前环境以及其他独特的个人因素一同考虑。这样就可以彻底抛弃仅凭年龄来决定资产配置的经验法则了。

第 3 章

波动性仅仅是波动性

"波动性,是投资者面临的最重要的风险。"

马上回答我的问题！当我提及"投资风险"时，你脑海中浮现的是什么？对于大多数读者来说，自然并且发自内心的答案是："波动性！"

许多投资者仿佛将"风险"与"波动性"视为同义词。事实也往往如此！波动性是投资者应当考虑的关键风险（然而，如第 1 章所述，波动性的大小也与时间周期的长短相关）。大多数时候，尤其是在较短的时间内，投资者对波动性的感受最为深切。

眼睁睁看着你的股票配置——无论是投资组合的 100% 还是仅仅 10%——在市场调整中迅速下跌 20%，足以令人心脏骤停。而在惨烈的熊市中，看着它跌去 30%、40% 甚至更多，更是令人煎熬。最终，股票投资者之所以忍受波动性，是因为金融理论告诉我们（历史也证明了），长期来看，你应因承受这种波动性而获得回报——这比其他波动性较小的资产类别要丰厚得多。

然而，波动性并非投资者面临的唯一风险。风险多得不可胜数！如第1章所述，人们常常认为债券更安全。但"安全"并没有一个被普遍接受的专业定义。没有哪一种债券是无风险的。债券投资者面临违约风险——债务发行人延迟支付甚至破产的风险！这种情况会发生——即使是评级很高的公司。美国国债的违约风险极低——以至于专业人士常将其称为"无风险"利率。

利率风险

但这并不完全正确。为什么？还有利率风险——利率向某方向变动对回报产生影响的风险。债券价格与利率呈相反方向变动——如果你持有一份收益率为3%的债券，而市场上类似期限的利率上升至5%，那么如果你想出售，就必须接受更低的价格，以使买家也能获得5%的收益率。这种隐蔽、常被忽视的风险在2022年给了许多投资者沉重一击。利率在近40年里不规律地降至低点，利率的突然飙升重创了现有债券投资组合的价值。问问硅谷银行的管理层就知道了！随着美联储大幅提高利率，国债收益率急剧上升，如图 3-1 所示。因此，硅谷银行庞大的"安全"的美国国债组合价值暴跌。高管们误以为这是一个安全的、存放流动资产的地方，结果不得不在市场价格暴跌时承受巨大的账面（并最终兑现）损失。他们犯了一个简单而致命的错误，忘记了利率可以而且确实会上升，有时还会迅速上升！

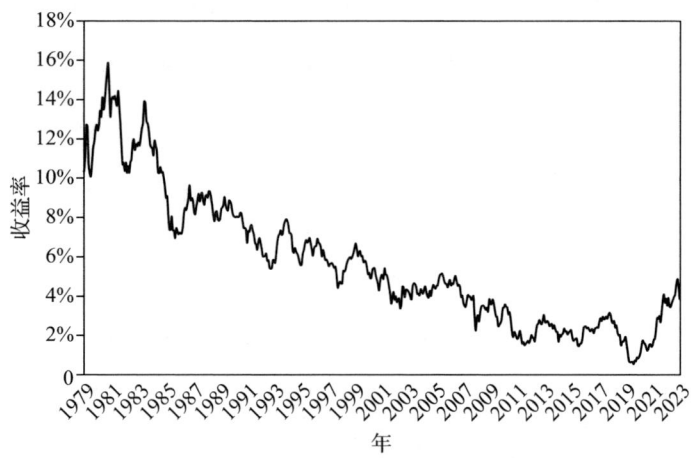

图 3-1　1980 年以来 10 年期国债收益率走势

资料来源：全球金融数据公司（Global Financial Data, Inc.），2024 年 2 月 28 日。从 1979 年 12 月 1 日至 2023 年 12 月 31 日，美国 10 年期国债固定到期收益率。

现在，其他因素也导致了随后引发硅谷银行倒闭的银行挤兑潮。对于个人投资者，你可能会说："是的，利率会上升，但当我持有债券至到期时，谁在乎暂时的价格变动呢。"也许吧，但 10 年是一段很长的时间。30 年则更为漫长！如果你必须出售以满足现金流需求，即使是小幅的利率变动，也可能对你的回报产生严重影响。

表 3-1 展示了利率上升可能对当前（我在 2024 年 3 月初写下这些文字时）的 10 年期和 30 年期债券价值产生的影响。在某一特定年份，利率上升一个百分点并不罕见。这样的变动将导致 10 年期国债隐含收益率下跌

表 3-1 利率风险

		当前发行的 10 年期国债 美国国债 4.5% 2032 年 11 月 15 日到期 当前到期收益率 4.24%		当前发行的 30 年期国债 美国国债 4.75% 2052 年 11 月 15 日到期 当前到期收益率 4.35%	
		预期收益率	1 年潜在总回报	预期收益率	1 年潜在总回报
潜在到期收益率变化（基点）	400	7.89%	−22.33%	8.05%	−39.81%
	300	6.89%	−16.66%	7.05%	−32.16%
	200	5.89%	−10.44%	6.05%	−22.69%
	100	4.89%	−3.61%	5.05%	−10.85%
	50	4.39%	0.05%	4.55%	−3.84%
	0	4.24%	3.89%	4.35%	4.05%
	−50	3.39%	7.92%	3.55%	47.09%
	−100	2.89%	12.14%	3.05%	22.95%
	−200	1.89%	21.23%	2.05%	12.93%

资料来源：BarraOne，截至 2023 年 12 月 31 日。

3.61%——这还包括了收到的利息；也许你想不到债券也会有这么大的波动。若利率上升两个百分点，则10年期国债的隐含收益率将下跌10.44%，而对于30年期国债，则下跌高达22.69%。别忘了，这已经包含了利息。

你认为这不可能发生？或许吧。但人们在2022年初也这样想过。那时，10年期国债收益率从年初的1.51%飙升至年末的3.88%，结果带来了糟糕透顶的17.0%的大幅下跌。[1]而30年期国债收益率从1.90%跃升至3.97%，造成了惨不忍睹的33.8%的亏损。[2]利率上升得越多，总回报就越糟糕。这就是利率风险——切勿忽视。

现在，我无法预言利率将再次飙升至20世纪70年代和80年代初看到过的双位数水平。当时的超高利率，很大程度上是灾难性的货币政策（以及相关的价格管制）在20世纪70年代结出的恶果。美国以及其他大多数发达国家的货币政策制定者们至少已经吸取了这一教训，没有重蹈覆辙。他们会犯其他错误——比如疫情封锁限制人们消费的同时，向经济大量注水，引发了剧烈的通货膨胀。但即便如此，现任美联储主席杰罗姆·鲍威尔的表现并未像某些前任（比如阿瑟·伯恩斯）那样糟糕透顶，尽管他的任期还没有结束！历史将会给出最终的结论。

尽管鲍威尔的言行和政策一直让人感到意外，但我怀疑在这么短的时间内，他会让 10 年期国债利率快速飙升至 10% 以上。毕竟，最近强劲的通货膨胀势头已经逐渐减弱，成了过去式。

但倘若情况截然相反呢？长时间以来，利率首次有了大幅下降的空间——这也孕育着风险！

试想，当利率跳水时，投资者或许会发现自己难以将到期的债券资金转投到同等质量、相似收益的资产上。整个 21 世纪前 10 年就是如此。比如在 2007 年购买了一张 5% 票息的 10 年期国债，到了 2017 年到期时，要想找到类似的投资对象，只能接受大约一半的票息利率。

若想继续维持 5% 的票息，只能选择信用风险更高的债券，或是期限更长的债券——这无疑增加了投资的风险。无论如何，这都不是一个对等的再投资选择。

投资组合风险与食物风险

通胀风险、政治风险、汇率风险、流动性风险，不一而足。波动性绝对不是投资者面临的唯一风险。

1997年，我与友人和兼职研究伙伴梅尔·斯塔特曼（Meir Statman，圣克拉拉大学利维商学院的格伦·克里姆克金融学教授）共同撰写了一篇关于风险的论文，题为《均值-方差-优化之谜：证券投资组合与食物投资组合》(*The Mean-Variance-Optimization Puzzle: Security Portfolios and Food Portfolios*)，发表于《金融分析师杂志》(*Financial Analysts Journal*)。

我们的研究表明，人们对食物和投资的思考方式往往有着惊人的相似之处。在食物选择上，人们希望同时满足多种需求。他们不仅追求营养——还希望食物外观诱人、味道可口，并且希望在恰当的时间享用。谷物是早餐吃的食物——如果晚上吃就会令人乏味，无论大谷物公司的社交媒体营销团队如何努力让"晚餐吃谷物"成为一种潮流，也无济于事。而且，食客们还追求档次，包装至关重要！

人们对食物的期望可能会迅速转变，而他们所考虑的风险，就是在某个时刻他们认为（或担心）无法得到自己想要的东西，而不会去考虑已经得到的东西。例如，也许家里没有其他食物，而被迫在晚上吃早餐谷物。他们不喜欢吃与时间不匹配的东西，他们觉得这很愚蠢。甚至，第二天上班时也不会承认昨晚吃早餐谷物的事！这是第二种风险（被人嘲笑的风险）。他们不会考虑吃饭的需求被满足了，那可是基本的生活需求。

这与投资又有何干系呢？正如用餐体验一样，人们所感知的风险往往是他们在某一时刻未能获得的——至于其他目标是否达成，则被置之脑后。你或许会听到投资者如此说："我可不想有任何下跌的波动！"他们感受到了波动，并寻求保护。然而，如果股票市场持续长时间上涨，他们可能会感到一丝错失良机的刺痛——而错失机会，也是一种风险。

当机会不再敲门

这种风险被称为机会成本——现在采取或不采取行动，而导致最终回报低于本来可以获得的回报的风险。这个概念至关重要。

例如，你可能拥有较长的投资期限，但或许你更关心的是短期波动，而忽视了其他形式的风险。你可能会因此选择将过多的资金永久性地配置在固定收益或现金上，而不是与你的长期目标相匹配。在你的较长投资期限内，由于没有足够的股票敞口，可能获得的回报较低，并且无法实现长期目标，无论这些目标是什么——或许与最终结果的差距很大。

这可能让人深受其害。特别是，需要依赖投资组合在退休后提供现金流的情况，尤其如此。如果原本计划依赖一定水平的现金流，但投资组合长期遭受机会成本的损失，你可能会被迫缩减开支。更糟糕的是，你可能会发现自己在迟暮之年缺乏足够资金来支付必要的医疗费用。

机会成本之所以成为致命杀手，是因为它深藏不露：可能有害的影响在一段时间内并不明显。你可能有一个20年或30年，甚至更长的投资视野——20年后，如果回望过去，发现自己实际上需要平均每年9%或10%的收益率，但短期波动较低的投资组合的回报远不及此，那是一个巨大的投资错误，可能已经无法挽回。20年的回报过低是很难（如果不是不可能）弥补的。如果你从50万美元开始，20年内平均年化收益率6%和9%之间的差距超过100万美元。如果你现在就需要使用现金，过低回报的代价是一个巨大的打击。为了降低过早耗尽资金的概率，你可能不得不削减开支。如果你一直指望更高的收入，尤其在已经退休或接近退休的情况下，如果你的配偶也指望这笔收入，那么处境可能会

第3章 波动性仅仅是波动性

非常艰难,甚至令人沮丧。这本来就难以接受,而向你的配偶解释则更为艰难。

然而,大多数投资者可能并没有考虑机会成本。通常情况下不会。往往是在牛市运行一段时间后,伴随着极端的乐观甚至狂热,类似的担忧才会广泛地出现。例如,在1999年年末和2000年年初,突然之间,各地的投资者都渴望追逐下一件大事。20世纪90年代的高回报使得巨额股票回报看起来轻而易举——太容易了。他们想要提高风险——买入所有热门科技股!哦,这可怎么办呀!竟然没有当日买入刚上市的热门科技股,机会成本太大了!你们知道事情是怎么变成这样的。然而,通常情况下,投资者往往会默认将注意力集中在波动性上,而对机会成本的关注较少(或者根本不关注)。为什么这种非常实际的风险常常被置于次要地位呢?沃伦·巴菲特曾说过这样一句被广泛传播的话:"当别人恐惧时,你应该贪婪,当别人贪婪时,你应该恐惧。"回想一下,鉴于我们的大脑在数千年的进化过程中形成的复杂原因,我们往往天生更害怕损失,远超过对收益的期待(详见第1章)。通常情况下,投资者往往在牛市持续进行时对其持怀疑态度。

这真是悖论!然而,这本书的多数读者可能会同意，总体而言，平均来看，投资者在应该看跌时往往盲目乐观，而在该看涨时却过于悲观。因此，如果股票在所有日历年中有大约 73.5% 的时间是上涨的，那么人们自然会更频繁地表现出看跌倾向——并且他们会低估机会成本，将其作为一种风险。[3]

不要这样做。波动性是一个关键风险，但并非唯一的风险。对于许多拥有长期投资视野的投资者来说，不接受足够的波动性——机会风险——长期来看收益将会大幅受损。

第4章

比以往波动更大

"股市如今波动得越发剧烈。"

你对这句话是否觉得似曾相识？或许在哪里读到过，或者深信不疑？

投资者往往更关注短期波动（详见第 3 章），他们常常担心波动性正在加剧！这种感觉似乎很有道理。我们曾在 2008 年遭遇了一场大型熊市，2020 年又经历了一次规模较小、跌速更快，但同样令人胆战心惊的下跌，再到 2022 年又经历了一次熊市！有人说是"社交网络炒股"群体的在线交易推动了市场疯狂波动。也有人将大型科技股市场影响力的增加视为波动之源。或归因于杠杆作用，或归因于算法交易，又或归因于交易员的手误！种种原因，不一而足。

但请不要轻信——因为这些都是谬论。

第 4 章 比以往波动更大

首先,波动性本身就是不稳定的,经历高低波动起伏的周期是正常的。其次,认为波动性增加就预示着麻烦,这是一种谬误。最后,近年来(在我撰写此文时)的波动性并不异常,它完全处于历史正常范围内。

波动性也会上升

诚然,我们近些年确实经历了一些波动较大的年份。以标准差(衡量波动性的常用指标)来衡量,2020 年和 2022 年是自 1925 年有记录以来第 10 和第 13 波动最大的年份。[1](我在本章中使用的是美国股票数据,因为它们的历史更长。)但我们同样经历了许多波动性低于平均水平的年份,包括 2012 年、2013 年、2014 年、2016 年、2017 年、2019 年和 2021 年。

再进一步观察那两个波动性较高的年份。在 2022 年,标准差达到了 22.0%……而股票下跌了 18.1%。[2] 在 2020 年,波动性更高一点,为 24.8%……但股票却上涨了 18.4%![3](请注意,尽管 2020 年整体情况极为糟糕,但年初新冠疫情引发了短暂的下跌之后,股市迅速飙升。）相似的波动性，结果却大相径庭。

这是怎么发生的呢？要理解这一点，你必须对标准差有所了解。标准差正如其名——衡量某事物偏离其平均值的程度。它可以用来衡量单个股票、行业、股市整体的历史波动性，以及任何有足够数据观测值的事物——比如旧金山的晴天、波特兰的雨天。标准差低意味着结果与平均值相差不大，而标准差高则表明不稳定性更大。

自1925年至2023年年底，S&P 500指数的年化标准差为15.3%。[4]（这个数据是基于月收益计算的。可以用年收益来衡量标准差，但数据观测值会更少。也可以用日收益来衡量，但我不确定这么做的理由，因为行业普遍使用月收益。）但这包括了两次大萧条熊市期间的大幅震荡，这些年份将平均值拉高了一些。自1925年以来，中位数标准差为12.7%（见图4-1）。因此，2020年和2022年都远高于中位数，其中一年对股市来说是灾难性的，而另一年则是波动剧烈但异彩纷呈的。

同样重要的是，要记住，标准差本质上是回顾性的。它是一个有用的工具，但无法告诉你接下来某事物的波动性或稳定性会如何。它描述的是股票在过去平均表现如何。像所有历史数据一样，它是一个有用的指南——它为你提供了合理预期的范围。但波动性永远不是一种预测工具。

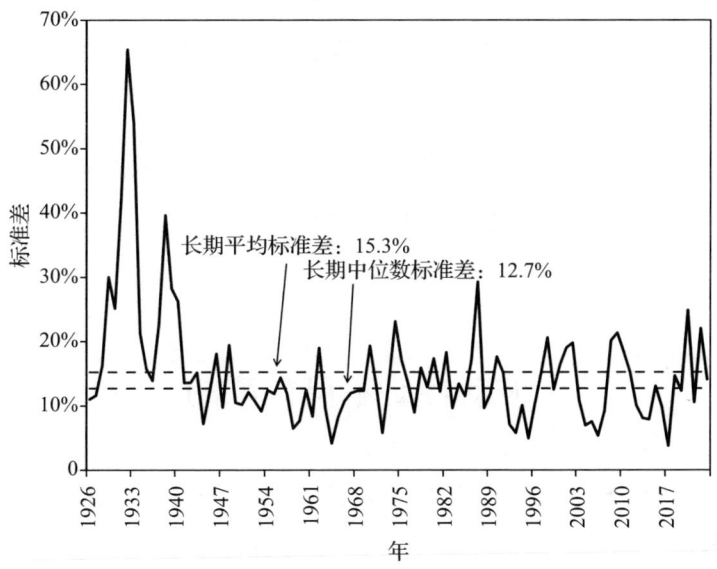

图 4-1　波动性会波动：这是常态

资料来源：全球金融数据公司（Global Financial Data, Inc.），2024年3月1日。1925年12月31日至2023年12月31日，S&P 500总回报指数。

标准差为0意味着，从历史上看，收益率从未有过波动——就像藏在床垫下的现金（忽略通货膨胀随时间侵蚀的影响）。你不用根据历史标准差来警示自己股票一直相当不稳定。我提起这一点是因为想再次强调，股市的波动性本身就是多变的。有些年份,市场波动性远高于平均水平。有些年份,它又远低于平均水平。而在某些年份,这两种情况都会发生!年初可能极为波动,而年末则平静,反之亦然。

平均值仅仅是平均值,其中隐含着周围巨大的不稳定性。

更重要的是,股票可以在高于或低于平均波动性的情况下涨跌。这里没有可供预测的模式。

波动性是不可预测的

历史上波动性最高的年份是1932年——标准差达到了65.4%。但那一年股票仅下跌了8.9%。[5] 跌幅并不算大,并不像大多数人原来预期的巨大波动性会带来灾难。这只能说明,在那一年里股市月收益率剧烈波动——正如人们在第一次大萧条最后一年所预期的那样。㊀

㊀ 指1939年大萧条即将结束,而人们仍然对股市持悲观态度。——译者注

历史上第二波动性高的年份是 1933 年。标准差为 53.9%——但股票却大幅上涨了 52.9%。[6]

当你深入理解波动性是什么（某事物偏离其平均值的程度）以及不是什么（仅衡量股市下跌的坏事）时，这一切开始变得有意义。

大的波动性并不意味着股票一定会下跌。2009 年，标准差为 21.3%，远高于平均水平，但股票却上涨了 26.5%。[7]1998 年，标准差为 20.6%，股票飙升了 28.6%。[8]2010 年，标准差为 18.4%，股票上涨了 15.1%。[9]

是的，下跌年份出现过较高的波动性。但并非总是如此，也不足以让你自动畏惧高于平均水平的波动性。反之亦然。较低的波动性并不意味着大的回报。1977 年，标准差为低于平均的 9.0%，股票下跌了 7.4%——收益率与 1932 年几乎相同，但波动性要小得多。[10]1953 年的标准差为 9.2%，股票下跌了 1.1%。[11]2005 年的标准差低至 7.6%，股票收益率也较低——仅为 4.9%。[12]

当标准差接近其长期中位数（12% 至 14%）时，收益率也大幅波动。2019 年，标准差为 12.3%，美国股票猛涨了 31.5%。[13]2015 年，标准差为 13.1%，美国股票几乎持平，仅上涨了 1.4%。[14]1973 年，标准差为 13.7%，美国股票下跌了 14.8%。[15]

任何程度的波动性都没有预测性。相反，标准差描述的是过去——而过去并不决定未来。

波动性本身就是波动的，而且并非呈上升趋势

所以，波动性并不具有预测性。同样，它也没有呈现出上升的趋势。每隔一段时间，头条新闻就会尖叫着某些发展使得波动性"前所未有地加剧"。还记得21世纪10年代的"高频交易"（HFT）喧嚣吗？人们将股市波动性的增加（以及2010年5月臭名昭著的"闪电崩盘"）归咎于强大计算机的毫秒级交易。21世纪20年代初期的市场波动激增，催生了一批新的"反派角色"，比如"迷因股"交易者⊖——这群通过社交媒体活动炒作股票的散户投资者。其他人则说大型科技公司在市场中的巨大影响力激发了更多的波动。但是，波动性增加的证据在哪里呢？回顾图4-1。的确，2020年和2022

⊖ Meme Stock，指的是那些通过社交媒体（如Reddit、Twitter等）组织起来的散户投资者，共同推高某些股票价格。——译者注

年的波动性较高，但每次跳升之后波动性很快就下降了。此外，这些峰值并没有超出过去峰值的范围。波动性并没有呈上升趋势，而是与过去历史中所见到的波动性变化相同。

换个角度来看：大萧条时期股市极为波动——既有上涨也有下跌。人们倾向于将大萧条视为一个长期停滞的时期，但其实并非如此，而是两个经济衰退期之间夹着一个增长期，以及两个巨大熊市之间夹着一个巨大的牛市——是历史上第二大的牛市。

那时的波动性出现有多种原因。一个是相对的流动性和透明度不足。那时的股票数量没有现在多，交易也较少，市场参与者更是少之又少。信息传播较慢，因此价格发现变得很困难。除了极少数大型股票之外，买卖价差占股票总价格的百分比要大得多，所以有人以当前的最高买入价买入股票，或以当前的最低卖出价卖出股票时，交易价格的波动幅度占总价格波动的一大部分。将这些因素综合在一起，就会出现更多的波动性，无论其他宏观驱动因素如何（如灾难性的货币政策、财政失误、疯狂的贸易政策、糟糕的经济、巨大的不确定性等）。

同样，即使在今天，交易不活跃的市场波动性通常也更大——比如低价股、小市值股（通常是同一回事）或非常小的新兴市场国家。因为现在有更多上市公司、更多参与者，信息也更容易、即时地获取，所以市场整体上应该比交易不活跃的大萧条时期具有更低的波动性。我并不是说下周你关注时股票会表现得像债券。不会的！如果你希望它们带来长期优异的回报，你也不希望它们那样。相反，我们不太容易看到过去以及今天在交易不活跃市场中出现过的剧烈波动。

拥抱投机者

又一群广受非议、备受指责的替罪羊，他们被视为加剧市场波动的原因（无论这种波动加剧是否真的在发生），那就是投机者。

投机者并非洪水猛兽。某种程度上，如果你买股票，那你就是一个投机者！即使你长期持有——一年、十年或五十年——当你买入股票或做空时，你都是在预测它会发生变化。这本身并没有错。

但人们谈论投机者时，通常不是这个意思——他们通常指的是期货交易者。期货合约是一种在未来某个约定的日期以约定价格买入或卖出某物的协议——可能是商品、股票指数、利率或汇率等。实际上,这就是对未来价格走势的一种赌注。通常,投机者从未真正拥有他们所下注的商品。或许他们根本就不想要!他们只是在纯粹地投机未来价格的变动,并不需要或想要大豆、猪肉、货币等。这对于那些恐惧投机者的人来说,尤为可恶。

当油价急剧上升时,媒体头条几乎肯定会将矛头指向投机者——那些为了赚快钱而搅动市场的家伙。但他们没有意识到:投机者不仅赌价格上涨,他们往往也会赌价格下跌。由于投机者作为一个群体并不协同行动,有些人会在其他人赌价格下跌时赌价格上涨。投机者并非一些总能赢我们钱的金融天才。他们也会亏损——就像任何投资者一样。

然而,当价格下跌时,你(通常)不会听到人们将责任归咎于投机者——尽管投机者对价格下跌的贡献可能与价格上涨时相当(也就是说,并不多)。

此外,还有许多正当的理由进行期货交易。企业经常使用期货来平滑波动性商品的成本。航空公司经常购买燃料期货,以稳定旅客的票价,而你大概也希望机票价格不要剧烈波动。农民也会购买期货!他们需要饲料谷物、化肥、燃料和其他商品，他们的利润率可能会受到价格剧烈波动的巨大影响——而商品价格恰恰容易剧烈波动。当你想到"期货交易者"时，可能不会联想到《美国哥特式》[一]的画面——但或许应该想一下。

然而，期货合约——以及那些投机者——在资本市场中扮演着重要角色。他们增加了市场流动性。他们也提高了市场透明度，加速了价格发现——这也是好事。人们常常忽视增加流动性的好处——但事实上，交易量的增加实际上可以减少市场波动。

我们可以用洋葱来证明这一点。1958年，种植洋葱的农民说服密歇根州国会议员（后来成为总统）杰拉尔德·福特，认为投机者在洋葱市场上造成了混乱并压低了价格。他发起的一项法案最终成为法律（至今仍然有效），禁止在洋葱市场上进行投机。

此后，洋葱市场是否一片光明呢？并非如此。如果你认为石油市场波动大，那你可能没关注过洋葱价格。图4-2展示了洋葱价格和原油价格——仅凭肉眼观察，你就能发现洋葱价格的波动更大、更频繁。

[一] American Gothic，指美国艺术家格兰特·伍德（Grant Wood）于1930年经济大萧条初期创作的绘画作品。作品塑造了坚韧的农耕形象，对工业化社会的反思，对美国精神的提振。——译者注

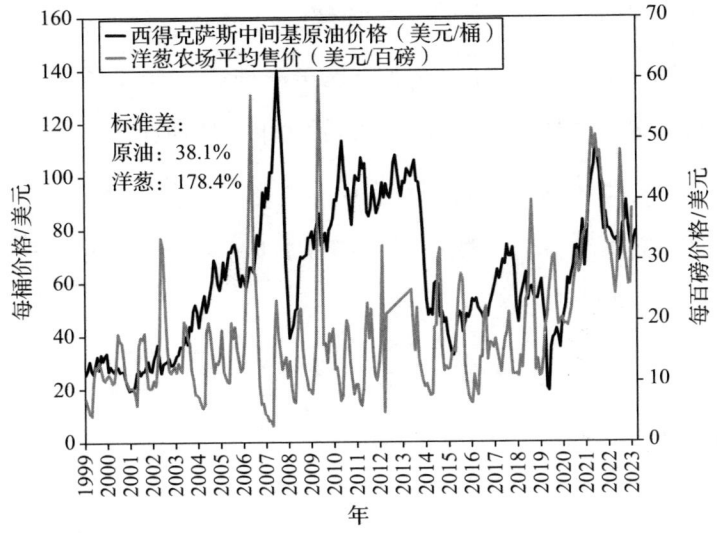

图 4-2 洋葱和波动性

资料来源：全球金融数据公司（Global Financial Data, Inc.），2024年3月1日。1992年12月31日至2024年2月29日，西得克萨斯中间基原油价格（美元/桶）。1992年12月31日至2013年3月31日以及2014年4月30日至2023年12月31日，洋葱农场平均售价（美元/百磅）。

眼见未必如实。你还可以测量标准差。从2000年到2024年2月，原油的标准差为38.1%，而洋葱的标准差高达178.4%！（感谢马克·J.佩里和约翰·斯托塞尔的提示。）

下次有人告诉你，治愈市场病症的良方是禁止投机时，请记住这一点。这样的举措未必能减少波动，反而可能加剧波动——同时还会降低透明度，减缓价格发现的过程。(政治家们无法理解,也永远不会理解自由市场是如何运作的。我确信这是一种"病毒",会在他们当选重要职位后的 12 ~ 24 个月内破坏他们的大脑。)因此,感谢投机者,别害怕波动。波动没有预测性,没有下跌就不会有上涨,而且长期来看,上涨发生的频率更高。拥抱它吧。

第 5 章

终极追求:既保本又增值

"既保本又增值,这两个目标可以同时实现!"

如果有人向你提供一个"既保本又增值"的策略，你会接受吗？听起来相当不错。谁不想在享受股票般上涨潜力的同时，还能拥有下跌时的保护呢？而且还是同时做到！

谁不想每晚都能大快朵颐牛排和冰淇淋，却永远不会长胖呢？

将投资目标设为追求"既保本又增值"，无异于幻想低卡路里、无脂肪、可以放心享用的牛排冰淇淋晚餐。这只是一个童话故事。

第 5 章　终极追求：既保本又增值

资金保本要求无波动性

首先，让我们澄清关于资金保本的常见误解。适合这个策略的人可能比你认为的要少得多。如果你认为这是你长期想要（或需要）的东西，问问自己为什么。真正的资金保本意味着投资组合的绝对价值永远不应该下跌。

为了做到这一点——真正的资金保本——必须消除所有的波动性风险。（如第 3 章所述，波动性并非投资者必须考虑的唯一风险。）但如果你消除了波动性风险，不仅避免了股票下跌，还避开了占比 73.5% 的股票上涨的所有年份！实际上，因为被局限于现金或类现金的投资工具，这意味着购买力可能会随着时间的推移而被通货膨胀侵蚀。

当然，你可以通过投资国债来获得比现金更好的回报。但如果这样做，就放弃了一些灵活性。为什么呢？国债确实会经历价格波动，并且有过短期的负回报。（再次参见第 3 章。）这意味着如果在到期前卖出国债，可能会亏损。（是的，这与资本保值策略恰恰相反。）因此，要通过国债实现资本保值，你可能必须持有至到期日。

但这仍然是一个可能落后于通货膨胀的策略。通货膨胀的长期平均值为 3.5%。[1] 在我写下这些文字时，10 年期国债的利率是 4.22%，30 年期的利率是 4.35%。[2] 所以如果你现在将资金锁定 10 年或 30 年，可能跑赢了通货膨胀。但也有可能不会！如果长期国债收益率回落到 2010～2019 年的水平，即使轻微的通货膨胀也可能吞噬你的全部票息。如果不能持有到期，你可能会再次亏损。

这就是资金保本——没有波动性风险。这意味着真正的资金保本很少适合长期投资者的需求。

但增长需要波动性

从另一方面来看，不但显著的增长，即使温和的增长也需要承受一些波动性风险。这与资金保本相反。我必须反复强调这一点：没有下跌的波动，就没有上涨的可能。正如第 1 章所揭示的，上涨的波动发生的频率更高（日历年中占比 73.5%），涨幅也更大，尽管在我们的记忆中并非如此。

这意味着，作为一个合并的目标，你根本不能同时

第 5 章 终极追求：既保本又增值

既保本又增值。这在现实中是不可能的。你不能在没有下跌波动的情况下拥有上涨的可能。如果有人告诉你可以做到这一点，那么他们就是在对你撒谎。也许是无意的，这很糟糕；也许是故意的，那就更糟了！投资目标需要越多的增长，应该预期承受更大的短期波动。没有绕过的办法。现在接受这一点，你的期望就不会脱离实际。（不切实际的期望确实可能非常有害——参见第 17 章。）

是的，剧烈的短期波动性确实难以承受——这也是许多投资者在错误的时间进出市场，从而未能实现长期目标的原因。

让我解释一下这个看似自相矛盾的观点。虽然不能将既保本又增值作为一个单一的、合并的目标，但是如果树立了长期增长的目标，你非常可能在长期内保住资金。

正如第 1 章所示，在 20 年滚动周期中，股票从未出现负收益（而且它们几乎总是以很大的优势击败债券）。过去从不保证未来，但它确实告诉你什么是合理的预期。人类的本性变化不大，在人的一生中（或者孩子的一生中，或者孩子的孩子的一生中，或者几千年里）也不会变化很大，不会削弱获利的动力。因此，股票将继续在未来非常长的时期内获得优越的回报。

这意味着在接下来的 20 年里，多元化的股票投资组合极有可能增长——或许很多。或许会涨两三倍之多。因此，你将在波动的道路上获得增长并保住初始资金。

是的，你可能会经历短期的负回报。是的，在某些时刻，投资组合可能会跌至起始价值以下。但拉长时间来看，你有很大的机会体验到增长，这也意味着保住了资金。但这一切都是追求增长目标的结果。如果你以资金保本为目标，20 年后，你可能只有起始价值，而不会有太多增值。

这意味着任何向你推销既保本又增值作为单一、合并目标的策略的人，要么对金融理论知之甚少，要么试图愚弄你。无论哪种情况，都很糟糕。

第 6 章

GDP 与股市脱节的危机

"股票必然暴跌,因为它们已远超 GDP 的增长速度!"

时不时，总会有一些所谓的专家夸夸其谈地宣称，股票的收益率是不可持续的，必然会崩溃，因为股价上涨远远超过了美国经济的增长率。这是真的！长期来看，美国实际平均 GDP 增长率在 3% 左右。[1] 然而，美国股票的年化增长率却达到了 10%。[2] 这之间存在着巨大的鸿沟。

如果你也相信（许多人如此），随着时间的推移，这两个比率应该大致保持一致，那么你可能会担心这之间的差距代表了某种不真实的回报。如果美国的国家产出平均每年增长大约 3%，那么股市的超额回报究竟从何而来？虽然股票收益率未扣除通货膨胀，但即使使用名义 GDP 来解释，这一现象依然存在！以这种（错误的）

方式看待，这个差距令人担忧。股票将不得不大幅下跌，才能弥补这一长期年化差距。太吓人啦！

然而，股票收益率和 GDP 增长率没有直接的联系。它们不匹配，因为它们本就不应该匹配。股票可以、应该，并且可能会继续实现比 GDP 增长率更高的年化收益率。如果你思考一下 GDP 是什么，股票又是什么，就会觉得合情合理。

GDP 衡量的是产出，而非经济健康

GDP 是一种试图衡量国家产出的方法——一个不切实际而且不完美的尝试。它基于调查和假设构建，并且常常会在多年后重新修订和编制。它不衡量国家资产或财富，也没打算这么做。它只是一种标准的经济流量指标。

可以这样理解：截至 2023 年年底，美国的 GDP 大约为 27.9 万亿美元（按今天的美元计算）。[3] 如果 2024 年全年的 GDP 增长率为 0（不太可能），美国的 GDP 仍然是大约 27.9 万亿美元。如果美国的经济增长在五年内完全停滞（既不太可能而且也很奇怪），在这五年结束

时美国的产出总量仍将达到 139.5 万亿美元。

尽管许多人认为 GDP 能够完美反映经济健康状况，但事实并非如此。其关键的数据是这样计算的：

GDP = 私人消费 + 总投资 + 政府支出 + 净出口

（净出口 = 出口 − 进口）

总投资包括非住宅投资（你可以将其视为商业支出）加上住宅投资，再加上存货的变化。

因为 GDP 衡量净出口，而美国长期以来一直是净进口国，所以总是因此受到批评。这个计算的目的是抵消 GDP 中其他部分已纳入统计的进口消费。如果 GDP 是针对一个特定国家的衡量标准，这样计算是合理的，但它也加剧了对贸易逆差的担忧。进口超过出口会减少产出，但这并不一定是坏事。这在一定程度上可以被视为经济健康的一个标志！大部分净进口的发达国家（像美国和英国），其年化增长率往往高于净出口国（如德国和瑞士）。进口的减少并不是好事。如果进口相对于出口大幅下降，实际上会增加 GDP 的数值。但这可能是更深层次问题的迹象，比如经济衰退过程中需求大幅下降。

此外，美国进口的许多商品是中间商品。它们与世界各地制造的商品结合，然后在这里销售或出口国外（顺便说一下，这有助于增加 GDP 数值）。如果美国公司开发一个产品，然后包装、推广并销售它时，如果能够进口更便宜的投入品，那将提高利润率，从而增加股东价值（我们稍后会谈到这个问题）。这也让美国消费者能够以更低的价格购买更高质量的商品。但 GDP 的统计人员无法捕捉这一好处。

政府支出减少是好事，不是坏事

然后，政府支出的减少会减少 GDP。但政府支出的减少不一定是负面的。从更长远的角度来看，它可能是一件积极的事情！

庞大的政府支出会排挤私营部门——后者在资本支出方面是超级聪明和高效的使用者，远胜于任何政府。毕竟，当一家企业投资的时候，这笔钱不是来自利润，就是来自贷款。如果这笔支出没有在以后带来更高的利润，企业最终将无法存续。这就是创造性破坏，是一种推动社会进步的强大动力。

但政府不受创造性破坏的约束。当政府花钱时，首先，是从纳税人手里拿走钱。如果这些钱不用于纳税，纳税人可以聪明地花在想要或需要的东西上。或者用于创办企业，或者被企业用于研究酷炫新产品、升级设备或招聘……所以政府从那些本来可以明智地追求自身利益的个人和企业手中拿走了资金。然后在这里或那里花掉，甚至有些花在了价值可疑的事情上。

如果政府花钱不当……它不会破产。如果它以后需要更多的钱，它不需要创造有价值的东西来产生利润。它只需以后征收更多的税！（任何私营企业如果这样经营，那么在我写完这句话之前就已经倒闭了。）

如果政客们花钱非常糟糕，也许他们中的一些人会在下一届选举中失去工作。但他们只是被更多的政客取代，而这些政客仍然不需要像你我或私营企业那样承担任何财务责任。如果政客们花钱极其糟糕，也许他们会成为众议院筹款委员会㊀的主席。

下次你在新闻媒体上看到，这个或那个国家经济被债务压垮时——就像21世纪10年代的西班牙、希腊、葡萄牙和意大利一样，记住这一点。通常，问题不在于债务本身。债务的水平并没有绝对的对错，或者被可靠地证明是有问题的（详见第13章）。问题往往在于长达数十年的政府过度干预经济。

㊀ 美国众议院的一个非常重要的委员会，负责处理税收、贸易、社会保险、医疗保健和其他与财政相关的立法事务。——译者注

第 6 章 GDP 与股市脱节的危机

涨得太多、太快了吗

这就引出了股票的话题。但在探讨股票是什么之前，请再给我一点时间，先澄清另一个误解。关于 GDP 与股市不匹配的主题有一个变体，那就是股市涨得太多、太快了——涨得越高，跌得越重。通常，提出这种观点的人会引用像图 6-1 这样的图，其中展示了 S&P 500 指数总收益率随时间的变化。

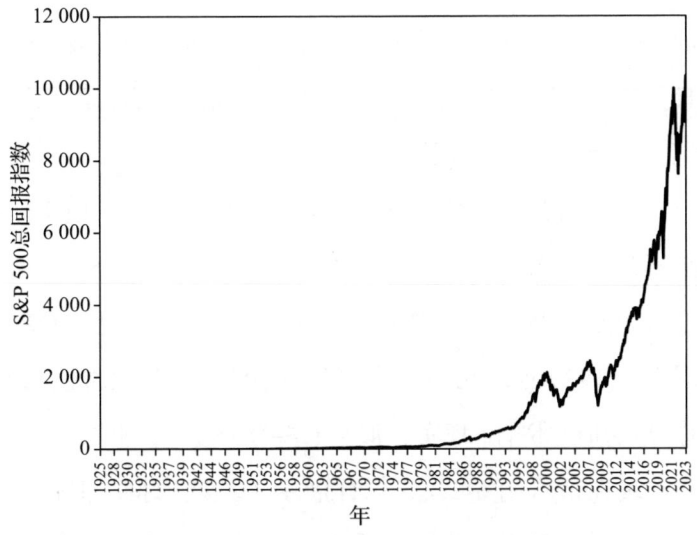

图 6-1　美国股市收益率：线性曲线有欺骗性

资料来源：全球金融数据公司（Global Financial Data, Inc.），2024 年 3 月 4 日。1925 年 12 月 31 日至 2023 年 12 月 31 日，S&P 500 总回报指数。

从图上看起来，历史上股票的收益率似乎相当稳定。然后从大约 20 世纪 80 年代中期开始，股市突然起飞。到了 20 世纪 90 年代末，情况变得超级疯狂，难以持续。随后我们经历了两次大型熊市——在这张图上看起来波动巨大——这进一步证实了那些人的最坏担忧，股市"涨得太多、太快了"。

但是自 2009 年以来，股市简直变得狂野不已——至少图上是这么显示的。它展示了 20 世纪 10 年代指数收益率飞速上升，然后在随后的 10 年里，两次大型的熊市被近乎垂直上涨的牛市狂潮所包围。市场波动性日益增强，时而出现投机性猛涨，时而经历痛苦的惩罚期，周期交替——没错吧？

再仔细看看。2022 年的熊市看似跌幅巨大，但实际上不过是小菜一碟——S&P 500 指数下跌了 24.5%，勉强触及通常用来定义熊市的 −20% 的红线。[4] 现在看看图上的 1929 年，几乎只是一个小小的波动！很奇怪吧。你已经知道那并非现实，似乎有些蹊跷。

现在请看图 6-2，它同样展示了长期回报。但这个图一点也不显得头重脚轻或令人恐惧。然而，图 6-1 和图 6-2 中的数据是完全相同的。差异在于，前者是在线性尺度上绘制的，而后者则是在对数尺度上。

第 6 章 GDP 与股市脱节的危机

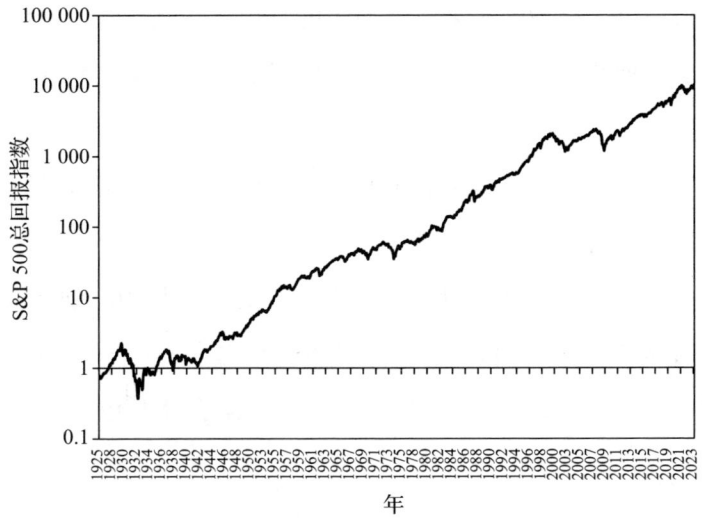

图 6-2 美国股市回报对数图：表象具有欺骗性

资料来源：全球金融数据公司（Global Financial Data, Inc.），2024 年 3 月 4 日。1925 年 12 月 31 日至 2023 年 12 月 31 日，S&P 500 总回报指数。

线性比例很好用，并且经常被用来衡量回报。即使对于股票来说，它们在较短的时间内也是适用的。当在较长时间内测量复合增长的事物时，使用线性刻度的问题在于，每个点的变动都会占据相同的垂直空间。

在线性比例上，从 1 000 到 1 100 的移动看起来很大，但从 100 到 110 的移动看起来却很小。然而，这并不是现实。两者都是 10% 的移动，应该看起来一样！由于近100年来复利回报的影响，在线性图上，后期的回报开始看起来遥不可及，因为指数水平本身更高了。

对数比例缓解了这个问题，并且是考虑长期市场回报的更好方式。在对数尺度上，百分比变化看起来是一样的，即使绝对价格变化大相径庭——从100到200的移动和从1 000到2 000的移动看起来一样——都是100%的增长。这就是你和你的投资组合体验市场变化的方式。

什么是股票

如第1章所讨论的，股票是公司所有权的一部分，而不是当前或未来国内经济产出的一部分。当你购买股票时，你拥有了一个公司及其未来收益的一部分，你期望这些收益随着时间的推移而增长——否则你不会购买这只股票。

图6-3展示了S&P 500指数每股收益随时间的变化，叠加了S&P 500成分股价格指数的价格变动。虽然不能总是完美地一致，但它们追踪得相当紧密。它们确

实也应该如此！但 GDP 并不计算收益。公司支出是计算在内的，但收益不是。

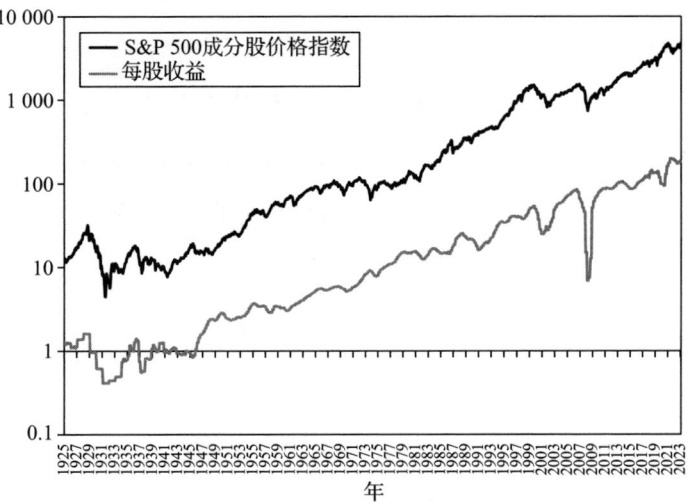

图 6-3　S&P 500 指数与每股收益的对比

资料来源：全球金融数据公司（Global Financial Data, Inc.），2024 年 3 月 4 日。1925 年 12 月 31 日至 2023 年 12 月 31 日，S&P 500 成分股价格指数。

当然，一家公司的支出可能会对另一家公司的收益产生影响。而且，一个公司的收益可能会受到经济增长与否以及增长速度的影响。但收益是收入减去成本的函数——而 GDP 数据与这两者没有直接的联系。

上市公司，也就是股票，在经济运转中发挥着重要作用。但股市和经济并不是一回事，两者是不能轻易互换的。GDP增长率和股票收益率并没有直接联系，也不应该有。因此，收益以及由此而来的股票价格，可以并且可能会随着时间的推移，继续以比GDP更快的速度增长——无论是在美国还是在全球范围内。

因为股票代表了持续不断、指数级上升、交汇融合的企业创新，随着时间的推移，可以创造出更高收益。这种增长无法被一个经济流量指标捕捉到。

第 7 章

永远赚 10%

"股票若能获得 10% 的回报,
大可以每次从浮盈中取走 10%。"

有些人怀疑股票能否持续地带来优越的回报。他们应该对市场经济有更大的信心，或者重温第 1 章的内容。然而，也有人坚信股票具有长期优越性。绝对正确！从现在起，股票应该能平均每年获得 10% 的回报，直至永远。他们的信念如此坚定，以至于认为可以轻而易举地每年从浮盈中取走 10% 的收益——轻而易举，小菜一碟。

我在一定程度上和他们一样乐观。但我并不盲目地相信股票在未来的长周期内必须平均每年获得 10% 的收益。我猜测，在长期内，股票会轻松地超过债券，并且优势明显，长期收益很可能接近 10% 的历史平均水平，但也可能略高或略低。但是，计划每年提取 10%

是一种导致彻底灾难的方法：它忽视了收益有巨大的波动性。

股票收益虽好，但也是波动的

正如在第 1 章和其他章节所讨论的，股票短期收益的波动性是股票具有长期平均收益的原因之一。我们都希望股票收益更加稳定（更多信息请参见第 17 章），但这并不现实。

表 7-1 展示了 S&P 500 指数的年收益范围和频率。最常见的结果是股票大幅上涨的年份——涨幅超过 20%，这一情况占所有年份的绝大多数（37.8%）。除此之外，股票最常见的涨幅在 0 ～ 20%——但很少精确地接近 10%。

表 7-1 平均收益并不正常：正常的收益是极端的

S&P 500 指数 年收益范围	1926 年以来 发生次数	频率	
>40%	5	5.1%	大幅上涨 （37.8% 的时间）
30% 到 40%	15	15.3%	
20% 到 30%	17	17.3%	
10% 到 20%	21	21.4%	小幅上涨 （35.7% 的时间）
0 到 10%	14	14.3%	

（续）

S&P 500 指数 年收益范围	1926 年以来 发生次数	频率	
−10% 到 0	13	13.3%	小幅下跌 （20.4% 的时间）
−20% 到 −10%	7	7.1%	
−30% 到 −20%	3	3.1%	大幅下跌 （6.1% 的时间）
−40% 到 −30%	2	2.0%	
<−40%	1	1.0%	
总次数		98	
算术平均		12.1%	
年化平均		10.3%	

注：表中数据有四舍五入。
资料来源：全球金融数据公司（Global Financial Data, Inc.），2024 年 3 月 25 日。S&P 500 指数年度总回报指数。

有些人很难接受这一点，但灾难性的年份其实相当罕见——股票"大幅下跌"的情况只占所有年份的 6.1%。罕见！下跌的年份只是在我们记忆中显得更为突出。

如果你在短期市场低迷时提取了 10% 的资金——比如在股票处于深度熊市或者短暂下跌时（但非常罕见）——这可能会让自己陷入严重的困境。如果你有一个非常短的投资期限，这可能无关紧要。但本书的大多数读者可能有一个更长的投资期限——20 年或更久，也许会更久！

有些人可能会说："好吧，我不会持有一个下跌幅度那么大的投资组合。"当然，你能做到这一点，比如持有大量固定收益资产来减少短期波动。然而，这样做的同时也降低了你的预期收益。这样的投资组合在长期内年化收益率远低于10%。其他人可能会决定只提取收益。在股票上涨25%（时常会发生）的一年——哇哦！——提取收益吧，那就是狂欢时刻。而且股票上涨的时候确实比下跌的时候多！但是，在熊市中股票下跌20%、30%或更多的年份中，你该怎么办？不提取现金了吗？还是要投入更多现金以达到你随意划定的收益标准？

假设你有一个价值100万美元的投资组合，它跌到了80万美元——对于一个持仓全部为股票的组合来说，这是一个正常的、短期的波动，是意料之中的。等到投资组合再次达到100万美元才再次提取现金吗？还是将80万美元设定为新的提款基准？大多数人无法（或者不愿意）忍受如此大的资金波动。

别做定期存单（CD）玩家

这个问题的另一个版本是：人们可能会说，"我就永远买5%收益的定期存单和/或债券，这将是一种安全的方式，永远有 5% 的收入，永远不用动本金"！从理论上讲，如果你每年需要 5 万美元，有一个 100 万美元的投资组合，只需不断购买 5% 的定期存单和/或债券就可以。

听起来不错，但那也是行不通的。是的，自 2008 年金融危机以来，利率高达 5% 的定期存单不再是神话传说。太好啦！公司债券的情况呢？一个拥有完美信用评级的公司（这不保证未来不会违约）支付的债券利率相似，高达 4.83%。[1] 要想获得更高的收益率，你必须投资垃圾债——在我写本章时，10 年期垃圾债券的利率为 7.2%。[2] 而且那是垃圾债！如果你依赖定期存单和/或债券策略来获得可靠的现金流量，那么一个重度投资于垃圾债券的策略可能并不明智。当然，你可以购买垃圾债以提高预期收益，但如果走这条路，7.2% 的收益率是相当低的。

用垃圾债券的违约风险替换股票的更高的波动风险可能是有意义的，这取决于你的投资目标和投资期限。因为长期来看，股票的收益可能更好。

所以，在我写本章时，通过定期存单策略，100 万美元投资在一年期 5.3% 的定期存单中可以产生 53 000 美元的收益[3]——这是我现在能看到的最高收益。还不错。但祝你幸运，试图将这些利率锁定更长时间——2年期定期存单的最高利率在5%左右，5年期的大约在4.45%。[4]10年期的呢？只有3.75%。[5]也许你认为利率从现在开始会大幅上升。那就卖掉现在持有的债券，以后再买更高收益率的投资品种！

但不要忘记：收益率和价格呈反比。随着利率上升，你的债券价格会下跌——如果卖出，你可能会亏损。如果你在定期存单到期前卖出，通常还要支付违约金。现在你要在一个价值下跌的投资组合基础上分析和决策了。这可能不是你想要的。

或者你可以等待，这样就不会损失本金，只是在目前持仓到期后，再购买更高收益率的投资工具。听起来不错！但如果一年后……或者两年后……或者五年后，利率下降了怎么办？如果利率滑落到21世纪10年代的水平，那时候几乎是不可能找到3%的收益率的定期存单的——更不用说5%的了，那该怎么办？

即使利率上升，也不要忘记通货膨胀。如果你今天需要5万美元，10年后，你可能需要超过7万美元才能保持现在的购买力，如果未来的通货膨胀率与长期平均水平相近。20年后，你可能需要接近10万美元！（详见第2章。）

嘿，也许利率会迅速且大幅度上升——有一天，你可以购买收益率为 10% 的定期存单！那不就解决你的购买力问题了，是这样吗？

可能不是。20 年后那 10 万美元的假设是基于未来通货膨胀率保持在平均水平。在一个定期存单利息高达 10%（不是被定罪的庞氏骗局策划者艾伦·斯坦福在 2009 年骗局崩溃前出售的那种假存单——详见第 17 章）的世界里，通货膨胀可能已经大幅上升，严重侵蚀了你的购买力。只需考虑一下，长期低迷的定期存单利率只是在新冠疫情暴发、通货膨胀率飙升后才显著上升。这意味着那个假设中的未来的 10 万美元可能还不够。

那么，你应该如何从投资组合中获得收益呢？继续阅读第 8 章。

与此同时，在我看来，一个更明智的长期策略是确定你的所有目标，并选择相应的基准和长期资产配置，以提高实现这些目标的可能性。（关于如何做到这一点的指导，请阅读我在 2012 年出版的《规划你的财富》（*Plan Your Prosperity*）一书。）其中一个考虑因素是，该基准是否能在长期时间范围内维持你所需的、经通胀调整后的现金流。10% 的收益策略和永远持有收益率为 5% 的定期存单的计划都是不可持续的谬论。

第 8 章

高股息：带来稳定的收入

"为了确保退休收入，我只需投资高股息股票。"

除了像疫情之类的事件导致的短暂下滑之外，人类的寿命正在不断延长——未来这一趋势只会持续（详见第 2 章）。这意味着现在的人在退休后可能会度过更长的时间——也许比大多数人预期的要长得多。对于许多投资者来说，获得足够多的现金流支持退休生活是一件至关重要的事情。

没有人希望在退休时遇到意外——尤其是那种需要突然减少开支的意外。那么，在整个投资时间范围内，需要让投资组合提供你所期望水平的现金流，如何增加其概率呢？

几乎被普遍接受的一个"常识"是，通过重仓高股息收益的股票和 / 或高票面利率的固定收益证券，可以

第8章 高股息：带来稳定的收入

轻松且可预测地维持退休生活。无论那个收益率是多少（人们这样认为），你都可以安全地消费——也许永远不用提取本金！许多人（包括一些专业人士）相信，这是一种安全的（又是一个被误解的词）退休策略。

别太指望它。这个"常识"可能会导致潜在的成本高昂的错误。这些错误可能会迫使你降低未来的开支——并要向你的配偶进行尴尬的坦白。

关于高股息的"常识"有几个问题。首先，最简单的问题是，这混淆了收益和现金流。是的，股息（还有收到的利息）在技术上确实是收益。你在税务申报单上也是这样报告的。将支付股息的股票和固定收益资产作为现金流的来源没有错——它们多大程度上适合投资，取决于你的长期目标和财务状况。我无法判断对你来说持有多少是合适的，因为我并不了解你。但如果完全或主要依赖它们，你可能会大大低估自己赚取收益的潜力。

金融理论很明确：不考虑缴税因素，你应该对现金流的来源持中立态度。无论是从股息、票息还是证券出售中获得现金流，都不重要。现金就是现金！相反，你最应该关心的是根据自己的长期投资目标（即长期资产配置）来优化投资。而满仓高股息股票的投资组合可能无法做到这一点。为什么呢？

各种类别的股票都会时而受到青睐，时而受到冷落——包括高股息股票。价值股和成长股会交替领先，小盘股和大盘股也是如此。各个主要行业也会轮动——能源、科技、金融、材料等——经历领先和落后的时期，这类情况总会发生，并且不规律地发生。而高股息股票只是一个股票类别。它们的表现不一定更好。它们的波动性不一定更小。有时它们表现良好，有时表现一般，有时则非常糟糕。（更多内容见第9章。）

一些投资者坚信，股息是公司健康的标志。难道你不希望拥有一个资产全部健康的股票组合吗？但是，支付股息的公司并没有根本上的优势——这只是创造股东价值的不同方式。

一些公司选择通过利润再投资来创造股东价值。它们可能认为投资于新的固定资产、研发，或收购（或合并）竞争对手和互补业务将提高其股票的价值。其他公司可能会认为再投资不会带来太多额外的增长（这可能是因为它们在市场周期中的某个阶段，或是因为公司业务性质或其他原因）。因此，它们可能会通过支付股息来创造股东价值。作为股东，你会看到这一点。当公司支付股息时，股价通常会下跌，幅度和股息金额差不多,其他条件不变。毕竟,公司正在放弃一项宝贵资产——现金。

高股息公司往往更倾向于认为给股东返还现金比再投资创造利润更有价值,这使得高股息策略与价值股投资存在一定交集,而成长型公司通常派息较少甚至不派息(虽非铁律,但大体如此)。一般而言,当价值风格占优时,高股息股票往往同步走强;反之当成长股跑赢价值股时,高股息策略通常表现落后。

需要特别重申:价值股绝非永恒的王者——这种观点(在过去十年其长期跑输市场之前)曾被广泛推崇。价值与成长如同市场双轮,始终交替领跑(我们将在第9章深入探讨)。没有任何一种投资风格能够永得桂冠。

毫无保障可言的股息

高股息股票绝非永恒之选,其预期波动性和收益特征也不会随时间推移产生本质差异。更重要的是:股息从无保障可言。派息公司完全可能(也确实发生过)削减股息,甚至彻底取消!以波音公司为例——1942至

2019年间,这家航空巨头持续派发股息长达78年。¹然而2020年初新冠疫情暴发,航空业遭受重创。在行业前景黯淡的阴云下,砰的一声,波音股息说没就没了!截至2024年3月本章撰写时,其股息仍未恢复。

波音公司在2020年暂停派息并非孤例——不仅仅是异常的疫情恐慌时会出现这类事件。银行业(以及许多其他公司)在2008年的经济危机期间,也都削减了它们的股息。

而且,公司不仅在熊市期间削减支付。在2017年,距离10年牛市结束还有2年多的时候,通用电气将其股息减半。²第二年,它将股息削减了超过90%——降至每季度每股一美分——因为它试图修复其资产负债表。³

另一个"常识"是,股息的存在本身就是公司健康的证明。如果一个公司支付股息,它一定是现金充裕且非常健康的,对吧?而且股息收益率越高,公司就越健康,对吧?

大错特错。以折扣零售商Big Lots为例,其股息收益率在2022年年初为3.0%,到了2023年年初已飙升至超过7%。⁴到了那年4月,股息收益率更是达到了13%的顶峰!但股息收益率是过去分红金额和当前股价的函数。尽管Big Lots的股息支付保持稳定,但其股

第 8 章 高股息：带来稳定的收入

价却从 2021 年年底的每股 45.05 美元跌至 2023 年第一季度的 10.96 美元。你想拥有这样的股票吗？我可不想要！随后，Big Lots 干脆完全暂停了股息支付。[5] 还记得现已破产的雷曼兄弟吗？它在 2008 年 8 月支付了股息——就在崩溃前几周。股息并不能保证安全，任何事情都不能！

那么债券利息呢？如果你完全或部分依赖债券利息，可能会持有过多不适合你的固定收益资产，这可能会影响长期实现目标的可能性。

然后，你不能忽视利率风险——如第 3 章所述。当然，如果你现在将 10 年期债券滚动投资于新发行债券，可能会获得更高的收益。但情况并非总是如此——就像过去 10 年那样。

从股息或债券中获得现金流没有错，但你不应假设它们是无风险的，也不应仅限于这些方式。

自创股息

所以，如果你需要从投资组合中获得现金流，而又不想被困在大量不适合你的高股息股票和／或固定收益资产中,该怎么办?你不想出售证券,是吗?

当然可以出售!它们存在的意义就在于此!

我把这种策略称为"自创股息"。这个术语是我发明的,意思是在保持投资组合最优配置的前提下,通过灵活调整获取收益。为此,你可以出售证券——完全没问题!人们常说"我不想动用本金",但实际上买卖个股的成本极低,几乎不存在任何障碍。你完全可以根据投资基准保持最优配置,偶尔出售部分证券来获取现金。

这种"自创股息"策略还能帮助进行税务筹划(在条件允许的情况下)。你可以选择亏损卖出证券来抵销收益,有些年份可能无法操作,但即使缴纳长期资本利得税,税负也相对较轻。如果有往年亏损结转,还能进一步减轻税负。此外,这种策略还能在市场波动后重新平衡投资组合。

当然,一个充分分散的投资组合总会包含派息股票,你仍能获得部分股息收入。但不必被高股息股票束缚手脚。根据投资目标和期限,组合中可能配置有票息支付的债券——但这取决于你的投资基准,并非必需的配置。

无论是已退休、临近退休,还是距离退休还有40

第 8 章　高股息：带来稳定的收入

年之遥，投资者都应更关注总收益（即资本增值与股息收益之和），而非仅仅聚焦股息率。这种理念能让你根据自身目标和投资期限选择合适的基准，而不被股息率牵着鼻子走。如果只盯着股息率，可能会错失潜在收益——当高股息股失宠时，你的收益将大幅落后市场；或者面临股息周期性缩水甚至停发的风险。这绝非明智之举。

第 9 章
小盘价值股具有永久优势

"小盘价值股就是比其他股票更胜一筹。"

这是一个误导了许多专业投资者和资深投资者的所谓"常识"——他们坚信小盘价值股具备天然的优势，注定会保持优势，今后、未来直至永远。

鉴于小盘价值股近年持续表现低迷，如今这类论调或许有所收敛。但假以时日，当人工智能热潮褪去、科技巨头停止狂飙，情况就会有所不同。那些将过去10年视作异常现象的小盘价值股的拥护者们，必将重拾"看吧，我早就说过"的论调，引用最长期的数据佐证他们的观点。但事实绝非如此。若果真如此，世人早该知晓这个秘诀，那么所有人都会只投资小盘价值股。

市场上还充斥着其他对特定股票规模、风格、行业

第 9 章 小盘价值股具有永久优势

类别持有偏执信仰的群体。有人只买大盘成长股,有人只买科技股,尤其是最近一段时间。有人独爱美股,有人死守蓝筹,还有人专攻英国中型制药股。只买这个,只买那个,每个投资类别都有其狂热信徒,他们坚信自己找到了长期制胜的完美方案——无须深入分析,他们钟情的那个类别就是最佳选择。然而无论这些信徒对某类股票的执念有多深,这些信仰不可能全部正确。事实上,它们全都站不住脚。

"永久优势"还是"追逐热点"

这种"永久优势"的另一个显著特征是:它往往并不那么"永久"。过去几年的市场已印证了这一点。的确,有些小盘价值股的信徒会固守阵地——即便在小盘价值股长期表现疲软时(有时是令人煎熬的漫长周期),他们的信仰依然坚定。

但更多投资者在某一类资产(如 20 世纪 90 年代中后期的大型成长股、千禧年前夕的科技股、21 世纪前 10 年中期的金融股、20 世纪 80 年代的国际股、20 世纪 90 年代的美股、21 世纪前 10 年末期的新兴市场以及近年来的巨型成长股等）在一段时间内表现强劲后，往往会顿悟般高呼："啊哈！这才是最好的资产！我曾经错过了，但现在不会了。我相信这就是最好的资产，我要重仓投入！"他们换仓之后，却往往出现风格轮动（这种轮动虽无规律，却从不缺席），导致业绩大幅落后。当这些热门行业崩盘时，他们会大幅亏损！追高者往往"认识到错误"（再次），转投另一个近期表现突出的热门股，并坚信这次找到的才是"永恒王者"。这完全是追逐热点，仅此而已。

但他们不认为自己在追逐热点。每个人都知道追逐热点是坏事。相反，他们认为自己是理性的。理由是某类资产长期领涨足以证明其优越性。诚然，特定资产确有可能长时间表现优异，但这绝不等于永远领先。这只是意味着对该类别的看涨情绪特别强烈，或者基本面在一定时间内为其超额表现提供了合理依据，或者两者兼而有之。但某类资产长期领涨，并不意味着它在未来长时间里会继续领先。

例如，自 1925 年以来，小盘股的年化收益率为 11.8%，而 S&P 500 指数的年化收益率为 10.2%。[1] 这能证明小盘股有永久优势吗？绝非如此。该数据忽视了 20 世纪 30 年代和 20 世纪 40 年代小盘股普遍存在的大

第 9 章 小盘价值股具有永久优势

额买卖价差——有时买卖价差高达股价的 30%。若真实参与交易，高昂的交易成本将吞噬大部分收益——而长期收益数据无法体现真实交易的摩擦成本。

同样，小盘股票往往在熊市之后大幅反弹——熊市越大，反弹越强。更准确地说，熊市中跌幅最大的股票在随后的牛市初期反弹最高——这通常是小型价值型公司，它们在经济衰退来袭和信贷紧缩时受到的打击最为严重。（注意，在 2020 年的新冠疫情暴发引发的熊市和 2022 年的无经济衰退的熊市中，情况并非如此——大盘成长股推动了那次下跌，因此也引领了复苏，这可能是小盘价值股策略遇冷的部分原因。）

但小盘价值股从底部反弹往往是昙花一现。如果你想捕捉一次巨大的反弹，也必须经历一次小盘股的至暗时刻——这对投资者心理素质堪称极限考验。除了少数暴力反弹阶段，大盘股总体上击败了小盘股——通常是令人痛苦地持续相当长的时间。坚守一种周期漫长且收益微薄的投资风格，在心理和情感上都是一种考验。

如果你能够完美地把握住熊市底部反弹的时点（实操难度极高），还有许多其他策略可以超越小盘股策略的收益。但在大盘股击败小盘股的漫长周期里，即使最有耐心的投资者也会濒临崩溃。历史上最长的牛市大多由大盘股主导。在 2009～2020 年的牛市中，2014 年、2015 年、2017 年、2018 年、2019 年大盘股全面跑赢小盘股。[2] 甚至在 2020 年新冠疫情进行黑天鹅突袭前，大盘股年初仍保持领先优势。[3]

市场经济的基础

要相信某个类别有永久和内在的优越性，就必须否认市场经济的基本原则——价格是由供需不断变化的博弈决定的。在大学经济学课堂上，这被描述为积极性。消费者在不同的价格下购买（需求）某商品的积极性有多高？通常情况下（并非总是如此），消费者在较高价格下想要的东西比在较低价格下要少。

供应也关乎积极性。供应商在不同的价格下生产更多或更少某商品的积极性有多高？通常情况下（并非总是如此），生产者在较高价格下会比在较低价格下更有积极性生产某物。在某个点上，消费者的积极性和生产者的积极性相匹配——这就产生了价格。价格是一种精妙的机制。虽然人们很难想象，价格是成千上万，也许

第 9 章 小盘价值股具有永久优势

是数百万，也许是数十亿个因素在买家会买和卖家会卖的点上碰撞的直观体现。(政治家总是想要干预价格，但那是因为他们永远无法理解，也不会理解资本市场的定价机制。)

为什么我说了两次"并非总是如此"？有时，消费者确实在较高价格下更想要某商品。较高价格可能是情感包装的一部分，与声望、感知的质量或其他买家看重的某些东西相关联。例如，当苹果推出新一代iPhone时，有些人会在第一天排队购买产品，尽管三个月后产品没有任何不同，六个月后价格可能会大幅下降。有时，技术进步降低了生产者的成本，使他们更有热情在较低价格下生产。(基本上，这就是摩尔定律在起作用。)然而，这一切都是消费或生产不同水平积极性的反映。

尽管专家试图将股价波动与每一个能够找到的因素联系起来，但当你把它们简化时，就像我们在自由市场购买的任何其他东西一样，股价是由供需驱动的。

在短期内，股票供应相对固定。首次公开募股（IPO）和新股发行需要大量的时间、努力和监管方面的投入——而且它们通常会提前一段时间公告。以现金和债务为基础的并购和股票回购减少了股票供应，但也通

97

常会提前披露。破产也可以减少供应,但发生的次数不足以对股票供应量产生太大影响。所以在未来 12～24 个月内,你通常不会看到大的、意外的股票供应波动。同时,需求主要由变化无常的情绪驱动——变得更加乐观或悲观——这可能会变化很快。

但长期来看,供应压力压倒了其他所有因素。股票供应可以在长期内几乎无限地扩大或收缩,以完全不可预测的模式——因为股票发行而增加,或因回购和并购而减少。

经常发生的情况是,一个类别开始引起市场更多的兴趣——比如 20 世纪 90 年代末的科技股。企业家和风险投资者注意到需求的上升,并看到投资者认可该类别资产的价值——钱似乎很容易筹集。他们想要参与其中,并认为他们可以相对容易地赚到钱。同时,投资银行家,其社会职责是帮助公司进入资本市场,也看到了某类资产需求的增长。他们通过发行新股或新债务来帮助企业家筹集公司的启动资金。如果做得好,所有相关方都会从中受益。

或许这不是一家新公司。这是一家不想错过热门类别资产潜在收益的现有公司。因此,它也发行股票或债券来筹集资金,以启动一个新的业务,也可能是购买一

第 9 章　小盘价值股具有永久优势

家在该领域有专长的公司。或者它只是想要筹集资金来购买新设备或进行研究开发。企业主乐于这样做，因为他们预见到自己的活动将带来巨大的利润。投资者乐于购买这些股票，因为他们想要分享未来利润的一部分。投资银行家乐于帮助公司发行股票或债券，因为这可以为他们带来利润。（永远不要忘记，追求利润是推动社会进步的强大动力。）

投资银行家不断为新生和成熟的公司印刷新股，直到最终，供应超过需求，价格下跌。

有时价格缓慢下跌，有时迅速下跌——但随着需求下降，投资银行家不再那么想要为冷门类别发行股票。他们想要为下一个热门（或者至少是温和的）类别发行股票——增加那些股票的供应。与此同时，随着公司回购股票、破产或被其他公司吞并，现在冷门类别的过剩供应可能会被吸纳。供应可以无限地扩大和收缩，从长期来看，将超越任何重大的需求变化。

因为公司总会有动力在不同的时间点筹集资本，而投资银行家总是有动力帮助需要（或想要）筹资的公司，通过发行股票来满足其需求（或协助公司回购和并购），未来的股票供应始终难以预测，但从长期来看却势不可挡。

需求应该会不规律地在各个股票类别之间流动。没有任何基本面的原因可以解释，从现在开始的10年里，为什么投资银行家想要发行更多某一类型的股票，如科技股或能源股，或在更宽泛类别的某类股票，如小盘股或大盘股。如果构建得当，每个类别的股票短期内应该会有自己的发展轨迹，但在极长期的时期内，供需的力量将推动各个类别股票，实现非常相似的长期回报。

通过图9-1可以从另外一个角度思考这个问题，它看起来像是一块胡乱拼凑的被子，没有明显规律的图案。它展示了主要资产类别（美国大盘股、外国大盘股、美国大型成长股、小型价值股、债券等）以及它们每年相对于其他类别资产的表现。

所以，在2016年小型价值股表现最佳，而外国股票（MSCI EAFE 指数）表现最差。第二年，大型成长股（S&P 500/花旗成长指数）领先，外国股票位居第二，而小型价值股成为最差的股票类别！但这些方格是会变化的。买入去年的赢家并不意味着今年会赢，逆向操作买入去年的输家也是一样的。有时一种风格会在一段时间内表现最佳，然后就会被埋没。但没有一个方格能永远占据主导地位，也没有预测的价值。

	2004	2005	2006	2007	2008	2009	2010	2011	2012	2013
1	Russell 2000 价值指数 22.2%	MSCI EAFE 指数 13.5%	MSCI EAFE 指数 26.3%	MSCI EAFE 指数 11.2%	Barclays Agg 债券指数 5.2%	Russell 2000 成长指数 34.5%	Russell 2000 成长指数 29.1%	Barclays Agg 债券指数 7.8%	Russell 2000 价值指数 18.1%	Russell 2000 成长指数 43.3%
2	MSCI EAFE 指数 20.2%	S&P 500 指数 4.9%	Russell 2000 价值指数 23.5%	S&P 500/花旗 成长指数 7.6%	Russell 2000 价值指数 -28.9%	MSCI EAFE 指数 31.8%	Russell 2000 指数 26.9%	S&P 500/花旗 成长指数 2.8%	MSCI EAFE 指数 17.3%	Russell 2000 指数 38.8%
3	Russell 2000 指数 18.3%	Russell 2000 价值指数 4.7%	Russell 2000 指数 18.4%	Russell 2000 成长指数 7.0%	Russell 2000 指数 -33.8%	S&P 500/花旗 成长指数 29.1%	Russell 2000 价值指数 24.5%	S&P 500 指数 2.1%	Russell 2000 指数 16.3%	Russell 2000 价值指数 34.5%
4	Russell 2000 成长指数 14.3%	Russell 2000 指数 4.6%	S&P 500/花旗 价值指数 18.2%	Barclays Agg 债券指数 7.0%	S&P 500/花旗 成长指数 -36.5%	Russell 2000 指数 27.2%	S&P 500 指数 15.1%	Russell 2000 成长指数 -2.9%	S&P 500 指数 16.0%	S&P 500 指数 32.4%
5	S&P 500/花旗 价值指数 13.7%	Russell 2000 成长指数 4.2%	S&P 500 指数 15.8%	S&P 500 指数 5.5%	S&P 500 指数 -37.0%	S&P 500 指数 26.5%	S&P 500/花旗 成长指数 13.2%	S&P 500/花旗 价值指数 -2.9%	S&P 500/花旗 价值指数 14.6%	S&P 500/花旗 成长指数 30.4%
6	S&P 500 指数 10.9%	S&P 500/花旗 价值指数 3.9%	Russell 2000 成长指数 13.3%	S&P 500/花旗 价值指数 -0.6%	Russell 2000 成长指数 -38.5%	Russell 2000 价值指数 20.6%	S&P 500/花旗 价值指数 12.5%	Russell 2000 指数 -4.2%	Russell 2000 成长指数 14.6%	S&P 500/花旗 价值指数 28.8%
7	S&P 500/花旗 成长指数 5.0%	S&P 500/花旗 成长指数 2.9%	S&P 500/花旗 成长指数 9.6%	Russell 2000 指数 -1.6%	S&P 500/花旗 价值指数 -41.9%	S&P 500/花旗 价值指数 17.6%	MSCI EAFE 指数 7.8%	Russell 2000 价值指数 -5.5%	S&P 500/花旗 成长指数 12.3%	MSCI EAFE 指数 22.8%
8	Barclays Agg 债券指数 4.3%	Barclays Agg 债券指数 2.4%	Barclays Agg 债券指数 4.3%	Russell 2000 价值指数 -9.8%	MSCI EAFE 指数 -43.4%	Barclays Agg 债券指数 5.9%	Barclays Agg 债券指数 6.5%	MSCI EAFE 指数 -12.1%	Barclays Agg 债券指数 4.2%	Barclays Agg 债券指数 -2.0%

	2014	2015	2016	2017	2018	2019	2020	2021	2022	2023
1	S&P 500 指数 13.7%	S&P 500/花旗 成长指数 3.7%	Russell 2000 价值指数 31.7%	S&P 500/花旗 成长指数 25.3%	Barclays Agg 债券指数 0.0%	S&P 500 指数 31.5%	Russell 2000 成长指数 34.6%	S&P 500/花旗 成长指数 31.0%	S&P 500/花旗 价值指数 -6.2%	S&P 500/花旗 成长指数 28.5%
2	S&P 500/花旗 成长指数 13.3%	S&P 500 指数 1.4%	Russell 2000 指数 21.3%	MSCI EAFE 指数 25.0%	S&P 500/花旗 成长指数 -1.8%	S&P 500/花旗 成长指数 29.6%	S&P 500/花旗 成长指数 31.9%	S&P 500 指数 28.7%	Barclays Agg 债券指数 -13.0%	S&P 500 指数 28.3%
3	S&P 500/花旗 价值指数 9.5%	Barclays Agg 债券指数 0.5%	S&P 500/花旗 价值指数 14.4%	Russell 2000 成长指数 22.2%	S&P 500 指数 -4.4%	S&P 500/花旗 价值指数 29.5%	Russell 2000 指数 20.0%	Russell 2000 价值指数 28.3%	MSCI EAFE 指数 -14.5%	S&P 500/花旗 价值指数 19.9%
4	Barclays Agg 债券指数 6.0%	MSCI EAFE 指数 -0.8%	S&P 500 指数 12.0%	S&P 500 指数 21.8%	Russell 2000 成长指数 -9.3%	Russell 2000 成长指数 28.5%	S&P 500 指数 18.4%	S&P 500/花旗 价值指数 22.2%	Russell 2000 价值指数 -14.5%	Russell 2000 成长指数 18.7%
5	Russell 2000 成长指数 5.6%	Russell 2000 成长指数 -1.4%	Russell 2000 成长指数 11.3%	Russell 2000 指数 14.6%	Russell 2000 指数 -11.00%	Russell 2000 指数 25.5%	MSCI EAFE 指数 7.8%	Russell 2000 指数 14.8%	S&P 500 指数 -18.1%	MSCI EAFE 指数 18.2%
6	Russell 2000 指数 4.9%	Russell 2000 指数 -4.4%	S&P 500/花旗 成长指数 5.3%	S&P 500/花旗 价值指数 12.6%	S&P 500/花旗 价值指数 -11.9%	Russell 2000 价值指数 22.4%	Barclays Agg 债券指数 7.5%	MSCI EAFE 指数 11.3%	Russell 2000 指数 -20.4%	Russell 2000 指数 16.9%
7	Russell 2000 价值指数 4.2%	S&P 500/花旗 价值指数 -5.4%	Barclays Agg 债券指数 2.6%	Russell 2000 价值指数 7.8%	Russell 2000 价值指数 -12.9%	MSCI EAFE 指数 22.0%	Russell 2000 价值指数 4.6%	Russell 2000 成长指数 2.8%	Russell 2000 成长指数 -26.4%	Russell 2000 价值指数 14.6%
8	MSCI EAFE 指数 -4.9%	Russell 2000 价值指数 -7.5%	MSCI EAFE 指数 1.0%	Barclays Agg 债券指数 3.5%	MSCI EAFE 指数 -13.8%	Barclays Agg 债券指数 8.7%	S&P 500/花旗 价值指数 -1.9%	Barclays Agg 债券指数 -1.5%	S&P 500/花旗 成长指数 -29.5%	Barclays Agg 债券指数 5.5%

图 9-1　没有一种资产永远最优

资料来源：FactSet，2024 年 3 月 7 日。

图 9-1 的另一个关键启示是：如果你没有基本面的原因去偏爱某样东西，只是因为它现在很热门，那么你很可能只是在追逐热点。这可能会因为纯粹的巧合而在一段时间内有效，但不是长期获胜的策略。实际上，这更可能是一个长期亏损的策略。

不要陷入"永久优势"的谬误中。偏爱只是另一种形式的偏见，它会让你对现实视而不见。

第 10 章

等到有把握之后再行动

"股市如今云谲波诡,我不如静观其变,
待其恢复常态,再作行动。"

听起来耳熟吗？你是否说过或想过这样的话？或者听到有人这么说？无论是在熊市中期、市场调整期间，甚至是在正常运行的牛市中，当波动性稍微加剧的时候，许多投资者都有这样的想法。

但人们等待的这种常态究竟是什么呢？是一块大大的"现在买入！"的指示牌吗？还是他们在等待股票停止这种讨厌的不稳定，开始进入整齐、有序、平稳、循序渐进的状态？

若是等待这些，你将永无止境地等待下去。认为股票应该并且会以"正常"方式行事，给你一个清晰明确的买入信号，这完全是误解。股票天生就具有波动性——有时波动较大，有时较小，但无论如何都是波动的（请回顾第 4 章）。而你应该希望它们是波动的。这听起来有些反常，但事实确实如此。

金融理论明确指出：没有风险就没有收益（而波动性就是一种风险）。如果股票的短期波动性较低，那么长期收益也会较低。如果想要更好的收益，必须接受更高的短期波动性。如果想要较低的短期波动性，应该预期较低的收益。

但是，投资者应该等待事态更明朗的观点，往往在熊市最为痛苦的见底期间更为常见——那些日子里，股票可能会剧烈震荡——可能在一天之内就上下摇摆 4%、5%、6% 甚至更多，天哪！

那时，等待事情变得更加明朗——直到你确信熊市已经结束，新的牛市已经开始——似乎是一个明智的举动。也许你已经投资了——在整个市场低迷期间一直坚守。但晚期熊市的起伏让你疲惫不堪——害怕还有更多的下跌。你应该退出，等待熊市结束，然后在信号更明确时再入市吗？（另一个问题：你真的擅长判断市场时机吗？如果是，那为何之前你没有判断出股市已经见顶了？）

或许你已经置身股市之外，并想要重新入市。但何时呢？如果你已经出局，决定重新入市可能极其困难——也许比决定退出还要难。是否应该等到熊市确定结束了，再入市会更好？

不——在资本市场中，清楚明确是最昂贵的东西之一。无论牛市、熊市，还是那些数不清的逆势反弹，都是如此。实际上，正是在恐惧最高、情绪最为悲观时风险最小——就在熊市即将见底之时。清楚明确几乎总是幻觉——一种非常昂贵的幻觉。

没有人能够完美地判断熊市底部。当然，你可能运气好！但运气不是策略——它是偶然的。虽然在短期内，熊市末期的剧烈波动令人痛苦不堪，但你绝不愿意错过新一轮牛市的起点。牛市的初期收益来得迅猛而巨大，几乎能迅速抹去熊市末期的所有下行波动。即便你承受了熊市最后15%～20%的跌幅，与接下来牛市初期的上涨幅度相比，那点损失几乎微不足道。

"伟大挫败者"的影响

图10-1展示了一个典型的熊市如何运作——就像一根弹簧，你压得越紧，反弹的力度就越大。当然，熊市可能会（而且经常）出现双底，但这并不会削弱反弹

的力度。只要有足够的时间，W 形底部往往会演变得更接近 V 形形态。

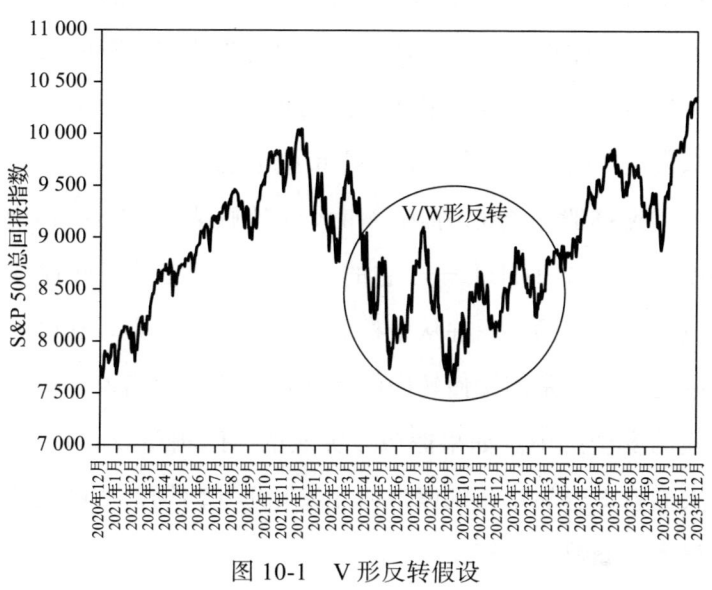

图 10-1　V 形反转假设

当熊市开始时，基本面的恶化驱动了最初的下跌。人们通常认为熊市会以突如其来的"巨响"拉开序幕——但通常并非如此。2020 年那场惊心动魄的熊市是个例外。那声"巨响"源于美国政府前所未有的针对新冠疫情暴发采取的措施——这是一种人为的暂停，而非经济和市场周期真正的恶化。

然而，通常情况下，调整往往是在警钟敲响时到来——伴随着一次由情绪驱动的大幅下跌，吓得大多数人提心吊胆。如果熊市能像这样以"吓破胆"的方式宣告自己的到来，事情会简单得多。"嘿！大熊市要来了！"但现实是，牛市顶部往往会悄然转向，新的熊市缓慢地磨底。它看起来或感觉上并不像熊市——反而更像横盘震荡，而这种震荡在牛市中也会发生！

我将股市行情称为"伟大的挫败者"（The Great Humiliator，TGH）——它的目标是尽可能长时间地挫败尽可能多的人，并从中榨取尽可能多的财富。它最爱的把戏，就是用缓慢转向的牛市顶部让人们陷入一种虚假的安全感中。如果熊市以突然的"巨响"效应开始，人们就太容易察觉到熊市的形成并迅速离场，从而避免被大幅挫败。

真正的"巨响"往往发生在熊市的后期阶段。在某一时刻，流动性萎缩（如 2008 年金融危机期间所见），市场情绪会取代基本面成为主导因素。恐慌往往随之而来。

然而，恐慌往往只是情绪使然，伴随着情绪转变而出现的暂时的流动性短缺，却常被误认为是基本面的问题。股票估值常常脱离现实，这也正是为何熊市底部的时机如此难以把握。情绪本就难以精确衡量，更何况它的变化迅速。正因如此,当新一轮牛市开始时,V 形底部的右侧反弹也可能同样迅速发生。

V 形反转

人们常常对新牛市持怀疑态度——甚至在牛市开始后的数年里依然如此,尤其是在早期阶段。"一切都如此糟糕的时候,怎么可能会有牛市?"他们感到疑惑。事实上,一切可能确实很糟糕。牛市往往在经济触底之前就已开始。但股票的飙升并非因为情况正在改善,而是因为所有人都预期末日将至,然而在某一刻,末日并未降临,人们意识到现实并没有那么糟糕。恐慌被过度放大了。仅仅是在极度低迷的估值上情绪稍有缓解,就足以让股票像子弹一样起飞。(即使在异常诡异的 2020 年也是如此。那年三月,世界一切安好吗?显然不是。但股票在局势明朗之前就已开始飙升。)新的牛市初期的涨速和形态通常与熊市末期的跌速和形态相匹配——我称之为"V 形反转"效应。

(V 形的另一个常见特征:在熊市末期,当情绪驱动大幅波动时,那些跌幅最大的类别往往在新牛市的初期反弹最为强劲。更多相关内容可参阅我 2010 年出版的《投资误区揭秘》(*Debunkery*) 第 19 章。)

这不仅仅是理论——我们在历史中见证了多次 V 形反转上演。图 10-2 至图 10-6 展示了一些历史上的 V 形反转案例。有时,熊市会以双底 W 形结束——两个底部相隔几个月。在极短的时间内,它可能看起来像 W 形,但随着时间的推移,它会演变成一个基本的 V 形模式——而 W 形的底部相比之下显得微不足道。

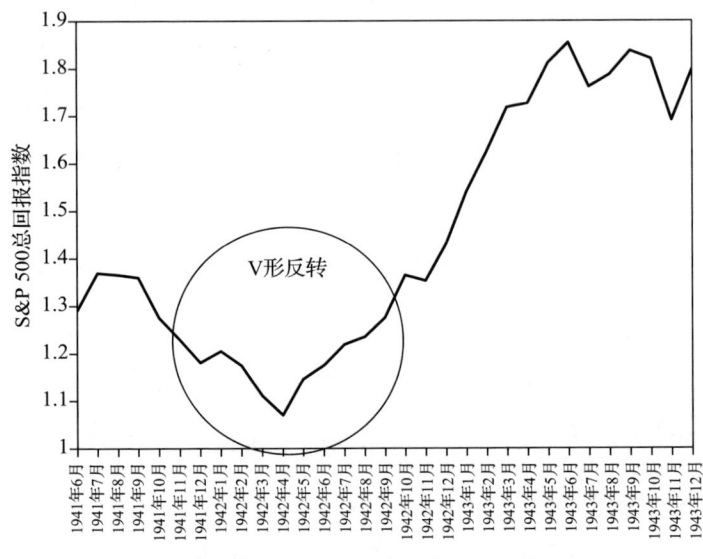

图 10-2　真正的 V 形反转:1942 年

资料来源:全球金融数据公司(Global Financial Data, Inc.),2024 年 3 月 15 日。

第 10 章 等到有把握之后再行动

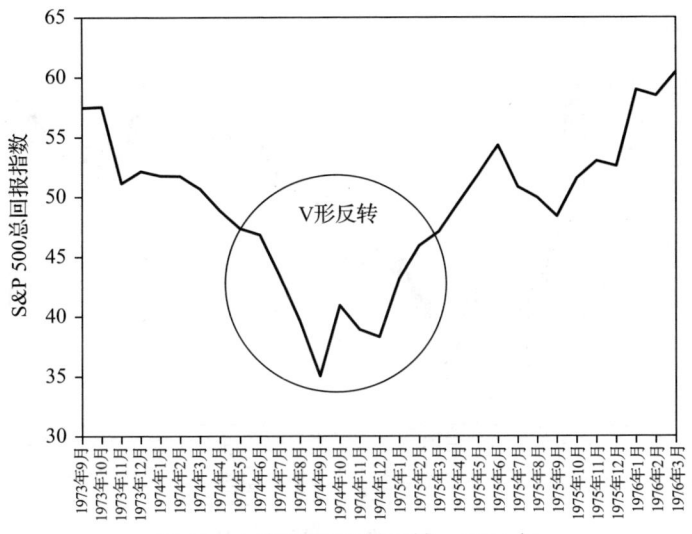

图 10-3 真正的 V 形反转：1974 年

资料来源：全球金融数据公司（Global Financial Data, Inc.），2024 年 3 月 15 日。

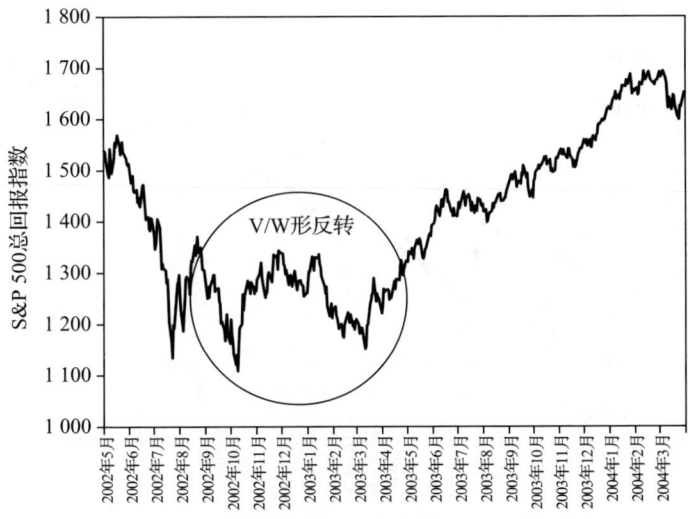

图 10-4 真正的 V 形反转：2002 年

资料来源：全球金融数据公司（Global Financial Data, Inc.），2024 年 3 月 15 日。

111

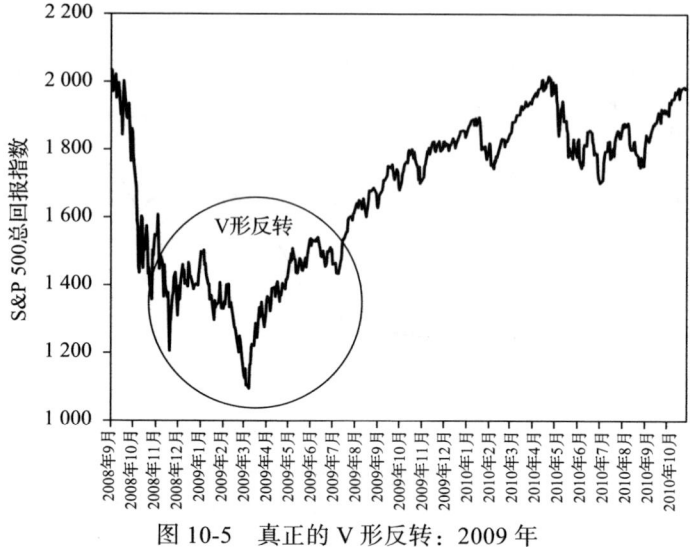

图 10-5　真正的 V 形反转：2009 年

资料来源：全球金融数据公司（Global Financial Data, Inc.），2024 年 3 月 15 日。

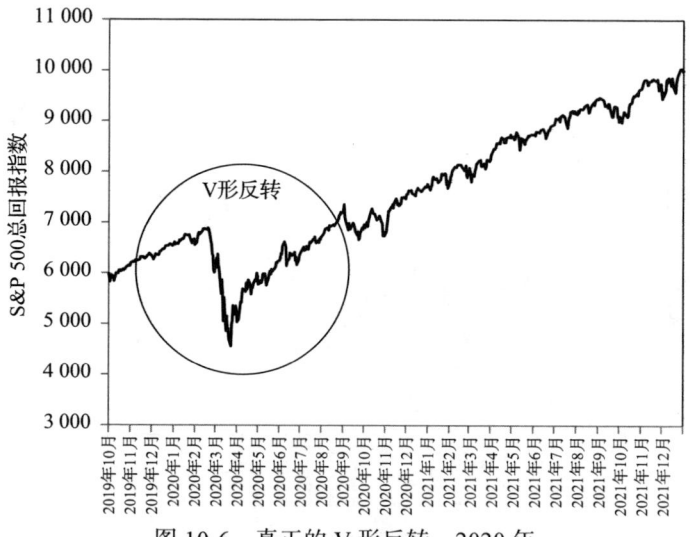

图 10-6　真正的 V 形反转：2020 年

资料来源：全球金融数据公司（Global Financial Data, Inc.），2024 年 3 月 15 日。

第 10 章 等到有把握之后再行动

在等待某种虚幻的"确定性"时,错过那些早期 V 形反转带来的巨大收益,可能意味着错失良机,无法弥补之前熊市中的大部分亏损。这也会使你的投资表现落后于基准指标。

我们大脑的原始本能会惊呼:"哎呀!暴跌这么多!赶紧自我保护,别再继续亏损了!"若依从这种本能,短期内确实能获得片刻心安——但这会使我们错失牛市初期 V 形反转带来的巨额收益。这些反转虽无法完全覆盖熊市损失,但它们无疑会让你走上复苏之路。

V 形底部的两侧,市场波动都极其剧烈。只有在回顾过去的时候,才能知道自己经历的是熊市末期的波动,还是牛市初期的波动。但如果错过了早期的回报,将会后悔不已。表 10-1 展示了这些早期回报的惊人幅度——前 3 个月平均收益率为 24.3%,前 12 个月平均收益率高达 48.6%!

表 10-1　S&P500 指数在新牛市开始的前 3 个月和前 12 个月的收益率

牛市开始	牛市结束	前 3 个月	前 12 个月
1932 年 6 月 1 日	1937 年 3 月 6 日	92.3%	120.9%
1942 年 4 月 28 日	1946 年 5 月 29 日	15.4%	53.7%
1949 年 6 月 13 日	1956 年 2 月 8 日	16.2%	42.0%
1957 年 10 月 22 日	1961 年 12 月 12 日	5.7%	31.0%

（续）

牛市开始	牛市结束	前3个月	前12个月
1962年6月26日	1966年2月9日	7.3%	32.7%
1966年10月7日	1968年11月29日	12.3%	32.9%
1970年5月26日	1973年1月11日	17.2%	43.7%
1974年10月3日	1980年11月28日	13.5%	38.0%
1982年8月12日	1987年8月25日	36.2%	58.3%
1987年12月4日	1990年7月16日	19.4%	21.4%
1990年10月11日	2000年3月24日	6.7%	29.1%
2002年10月9日	2007年10月9日	19.4%	33.7%
2009年3月9日	2020年2月19日	39.3%	68.6%
2020年3月23日	2022年1月3日	40.0%	74.8%
2022年10月12日	？？？	11.4%	21.6%
平均收益率		24.3%	48.6%

资料来源：全球金融数据公司（Global Financial Data, Inc.），2024年3月15日。S&P 500指数的平均收益是在2022年1月3日结束的牛市中计算的。

更重要的是，通常牛市前12个月的表现涨幅巨大且迅速——不同周期虽存在幅度差异，但无论如何，都表现强劲。牛市的年平均收益率约为26%，但牛市的第一年平均收益率几乎翻倍！[1]

而且，第一年近一半的收益通常（尽管并非总是如此）集中在前3个月实现！然而，市场的狡猾之处正在于此。因为在前3个月表现并非一帆风顺时，人们往往会认为这是大反弹不会到来的征兆。这不过是市场用其

第 10 章 等到有把握之后再行动

经典的伟大的挫败者（TGH）战术再次戏弄投资者。有时，当 V 形左侧的底部波动剧烈时，右侧也会同样震荡反复，令投资者感到沮丧。但规律表明，V 形反转几乎总会在一年内发挥作用。

大多数牛市都以这种方式开始——历史可以为此作证。然而，人们通常不是在寻找 V 形（或 W 形），而是在期待一个痛苦而漫长的 L 形。我质疑他们的观点，在发达国家股市很难找到三个这样的例子。只有第二次世界大战在欧洲爆发时，才将全球牛市拖入了一个真正的、漫长的 L 形。1938 年，一个初生的牛市刚刚起步，但随着 1939 年纳粹入侵苏台德地区，牛市夭折。股市直到 1942 年才最终触底，随后开始真正飙升。

如果认为股市不会从底部反转，必须拿出足够令人信服的理由来支持这种观点。历史上，只有纳粹铁蹄横扫欧陆，才足以阻止一次真正的 V 形反转。然而，这一切所做的不过是延迟了反弹——在 1942 年触底后，股市依然形成了 V 形的右侧。股市具有韧性，这绝非谬论。

第 11 章

一定要设置止损点

"止损可以阻止你遭受损失!"

"止损"这个名字听起来就很美好。谁不想阻止损失呢？然而，止损实际上并不能达到人们期望的效果。相反，它们往往会触发应税事项，并增加交易费用。而且，它们更多时候是阻止了收益，远多于防止损失——从长期平均来看，止损会导致亏损。不要相信这种代价高昂的"常识"。

止损策略的流行程度时高时低。在牛市的后期阶段，这类话题通常鲜少被人提及。约翰·邓普顿爵士（Sir John Templeton）有句名言："牛市在悲观中诞生，在怀疑中成长，在乐观中成熟，在狂热中消亡。"无论市场周期如何，止损策略都有其追随者，但止损主要是一种由悲观和怀疑驱动的游戏。它往往吸引那些厌恶下跌波动，而认为上涨波动根本不是波动的人。但正如第4章所讨论的，不承担下跌的波动，就无法获得上涨的收益。

止损的机制

对于初学者来说，止损是一种机械化的交易方法，例如向券商下达指令，当股票（或债券、ETF基金、共同基金、全部资产等）下跌到一定幅度时自动卖出。

预设触发的下跌幅度由你决定！止损没有"正确"的幅度（主要是因为没有任何证据表明某种跌度止损可以改善长期业绩表现）。通常，人们倾向于选择整数跌幅，比如相对买入价下跌10%、15%或20%。没有特别的原因——人们只是喜欢整数，简单明了。他们也可以选择下跌11.385%或19.456 2%，但现实中几乎无人采用。从统计学上看，20%并不比19.456 2%更好。

止损的理念是保护投资者免受大幅下跌的影响。如果一只股票下跌并触及止损点，它就会被卖出。这样一来，就避免出现下跌80%的灾难性局面。这听起来很吸引人！谁不想阻止损失呢？

然而，止损并无效果——不像人们希望的那样有效。

如果它们真的有效，每个专业人士都会使用它们。如果它们能在限制下跌的同时带来更好的收益，那将是每个基金经理的梦想。这会让客户赚更多钱，而客户赚得越多，基金经理的收入也越高。简直是三赢！然而，据我所知，没有任何长期业绩优异的知名基金经理使用止损策略——甚至偶尔使用的也没有。不可否认，一些金融销售人员可能会推销止损策略，但这并不是因为它们能提高业绩（因为实证表明，它们做不到），而是因为止损会触发强制交易，对于按交易额收费的销售方，使用止损是增加交易次数的好方法。即使在如今低佣金的时代，交易对销售人员来说仍是获利机会。这对销售人员有利，但却存在利益冲突，对客户来说并非最优选择。

股价并非序列相关

要相信止损策略有效，必须相信股价存在序列相关性。所谓序列相关性，意味着过去的价格走势可以预测未来的价格走势，即下跌的股票会继续下跌，上涨的股

第 11 章 一定要设置止损点

票会继续上涨。

有一种投资学派就是基于这一理念,称为动量投资。尽管大量的学术研究(更不用说真实数据的验证)并不支持其观点,这些人仍然认为价格走势具有预测性。他们买入赢家,卖出输家,并在 K 线图中寻找特定的形态。但动量投资者的平均表现并不比其他投资学派更好,甚至大部分业绩更差。你能说出五位传奇的动量投资者吗?我一个也想不出来。

止损和动量投资之所以无效,是因为股价并非序列相关。昨天的价格走势本身对今天或明天的走势没有预测价值。

下跌一定幅度的股票——无论是 5%、7%、10%、15% 还是 19.456 2%——继续下跌的概率并不会增加。然而,止损的支持者却坚持相信这个观点。仔细想想:你会仅仅因某只股票已经上涨很多就去买入吗?直觉上,你知道这行不通。有时,一只大幅上涨的股票会继续上涨,有时也会下跌,有时则会横盘震荡。我猜大多数人骨子里都明白:上涨的东西不一定会继续上涨。那么,为什么人们在下跌时却不能正确理解这一点呢?

止损迎合了我们大脑中原始的那部分——它厌恶损失的程度远超过对收益的渴望,这种现象被称为"厌恶

121

短期损失"（Myopic Loss Aversion）。但在投资中，屈服于这种进化反应往往弊大于利。谁愿意像原始人一样投资呢？

随意选择一个止损点

假设你无论如何都想使用止损策略，无视我的建议，也违背了行业标准的投资声明——"过往业绩不预示未来表现"。你会设定下跌多少为止损点呢？为什么？假设你选择了20%，仅仅因为喜欢20这个数字。（选择止损点的理由中，这个理由和其他理由一样缺乏逻辑。）当一只股票下跌超过这个幅度时，会触发止损，便会自动卖出。

但股票可能继续下跌，也可能反转回升，这基本上是一个50-50的概率游戏。实际上你是在掷硬币做交易。而掷硬币可不是一个好的投资顾问的做法。

例如，止损策略不会停下来问你："嘿，你认为这只股票为什么下跌了20%？是因为整个市场回调了那么多，而你的股票只是随波逐流吗？"市场回调很常见——大约每年都会发生一次。如果一只股票随大盘下

第 11 章　一定要设置止损点

跌，这并不一定是股票本身的问题。止损此时并不能保护你免受损失，只是意味着被迫在相对低点卖出，并额外支付了一笔交易费用。当市场——以及你刚刚卖出的股票——迅速反转并涨至新高时，你可能正持有现金错失良机。这就是典型的"追涨杀跌"。

接下来你会买什么？也许下一只买入的股票最终也下跌了 20%，触发了另一个止损。如此反复。你可能会一路买到亏损 20%（或 10%，或 19.456 2%）的股票，直到几乎亏光。仅仅因为你使用了止损，并不能保证下一次投资只会上涨。也许你自动抛售的那只股票反转回升，并在接下来的一年里飙升了 80% 以上。而你不仅错失良机，还在相对低点卖出，支付了两笔交易费用，却错过了上涨的部分。也许你会自我安慰，等风波平息之后再买回来。这完全是自欺欺人。如果机械地无理由地卖出了，又会根据哪些基本面的理由来决定买回的时机呢？如果你能确定什么时候风波过去，根本就不需要止损。事实上，如果你能做到这一点，可能已经富可敌国了，根本不需要读这本书了。

换个角度思考这个问题。假设你以 50 美元的价格买入 XYZ 股票，它涨到了 100 美元。然后你的朋友鲍勃买入，但它跌到了 80 美元——下跌了 20%。你们俩都应该卖出吗?还是只有他应该卖出,因为他的成本更高?对他来说,股票下跌了20%,但对你来说,它仍然上涨了60%。这是否意味着这只股票对你来说可以投资,但对他来说不能投资?为什么?

这就是止损的问题所在。除了武断地决策之外,没有其他理由可以解释"为什么"。而武断的决策并不是一种策略。

止损并不能保证你免受损失,反而会增加踏空的概率。没有证据表明它们能带来更好的结果,反而有大量证据证明其无法提升收益。更好地认识止损策略的方式是,用另一个更贴切的名字来称呼它:止盈。在使用止损策略之前,先止住自己的冲动。

第 12 章

高失业率拖累了股市

"高失业率是经济和股市的拖累。"

这一所谓"常识"——毫无疑问且明白确定的是一个谬论——堪称经济和投资领域中最根深蒂固的认知误区之一。它与"联邦债务天生就是坏的"（详见第 13 章）这一谬论并列，无论意识形态或信仰如何，人们都发自内心地深信不疑。

每位政治家都宣称高失业率危害经济——因此也会拖累股市（但这从来不是他们的错！总是他们的对手的错）。在这个问题上，政治家们却观点一致，固执地认为高失业率会导致经济疲软。

然而，这种观点完全颠倒了因果关系。失业对失业者及其家庭来说可能是痛苦的，我们当然希望每个想要工作的人能更容易就业。然而，这并不能改变一个事实：

第 12 章　高失业率拖累了股市

无论现在、过去，以及将来，失业率都是一个滞后指标。换句话说，失业率的高低是既往经济状况的结果，而不是未来经济趋势的原因。实现经济增长不需要低失业率，而高失业率也不会阻碍未来的经济发展。经济增长推动了招聘需求，而经济下滑促使企业削减人员。

如果你像一位 CEO 那样思考，而不是像政治家那样思考，这一切就很容易理解。

像 CEO 一样看待问题

假设你是 ABC 配件公司的 CEO。在经历了四五年的稳定盈利增长后，收入开始下降。起初下降缓慢，你认为可以渡过难关。开始是削减成本——告诉员工使用 Zoom 开视频会议，而不是飞往各地会见新客户。同时，你推迟了扩张计划。但销售额开始加速下降，你进一步削减成本。最终，你意识到销售额可能不会迅速反弹。你不确定是否已经进入官方定义的衰退期——美国的经济衰退总是由美国国家经济研究局（NBER）在事实发生之后追溯认定的。但你知道自己的业务状况，并根据从供应商、客户等处听到的消息，担心可能会进入一段长时间的低迷期。

你还意识到，已经削减了所有能削减的成本，现在必须转向企业最不愿意削减成本的领域：员工。你讨厌这样做，但为了维持企业生存，你必须精简人员。

政治家们从未理解这种困境。雇主讨厌裁员，他们不会轻率地这样做。但如果不裁员，可能会让整个公司陷入危机——而一家破产的公司会导致更多人失业。一家能在经济寒冬中生存下来的公司，通常最终能够重新开始招聘。

于是你选择裁员。也许在三四个艰难的季度后，销售额确实有所回升，尽管只是小幅增长。销售额远未达到峰值，但盈利正在朝着趋势向好的方向发展，这在很大程度上要归功于成本削减措施。

此时你会重新开始招聘吗？当然不会！除非你想被董事会解雇！首先，你不知道这次销售额增长是否只是昙花一现。此外，员工目前的工作量已经能够很好地应对销售额。也许比"很好"还要好——他们在裁员后改进了工作流程，使工作更高效。这是经济衰退乌云中透出的一线光明——许多公司在裁员后看到生产效率大幅提升。而这些生产效率的提升使得公司即使销售额小幅增长，也能实现盈利较大的增长。

几个季度过去了，收入在改善，但尚未完全恢复，而你仍然没有招聘。然而，企业正在实现可观的利润，而你并不急于花钱，以防那种普遍担忧但很少发生的情况出现：双底衰退。现金储备可以帮助你应对未来的不确定性。

最终，你更加确信销售额处于持续上升的轨道。也许在美国国家经济研究局正式确认时，经济衰退在几个季度前已经结束。但你仍然不会贸然招聘全职员工。你可能会从兼职或合同工开始——招聘成本更低，如果情况变化很快，解雇也更容易。最后，当你确信如果不大幅增加员工数量，未来的销售额可能会受到影响时，才会开始大规模招聘全职员工。

从这个角度来看，失业率在经济衰退结束前不下降是合理的。相反，失业率甚至可能在经济触底并开始复苏后的一段时间里，继续上升或维持高位。因此，大多数经济复苏在早期都呈现"无就业复苏"的特征——媒体对这种令人费解现象的报道屡见不鲜。

经济先行，失业滞后

这不仅仅是理论。图 12-1 和 12-2 展示了美国历史上失业率与经济衰退的关系。（我将历史数据分为两部分，以便你能清楚地看到失业率在经济衰退期间和之后的变动。）纵观历史，你会发现失业率从未在经济衰退结束前下降。相反，它往往在经济衰退后上升，并在高位维持数月甚至数年。这并非异常现象——它是经济的常态，应该是预期之中的。如果失业率在经济衰退结束前下降，那才是奇怪且违背经济基本规律和历史事实的。然而，政治家和评论家们却常常谈论得好像那样才是理所当然的！

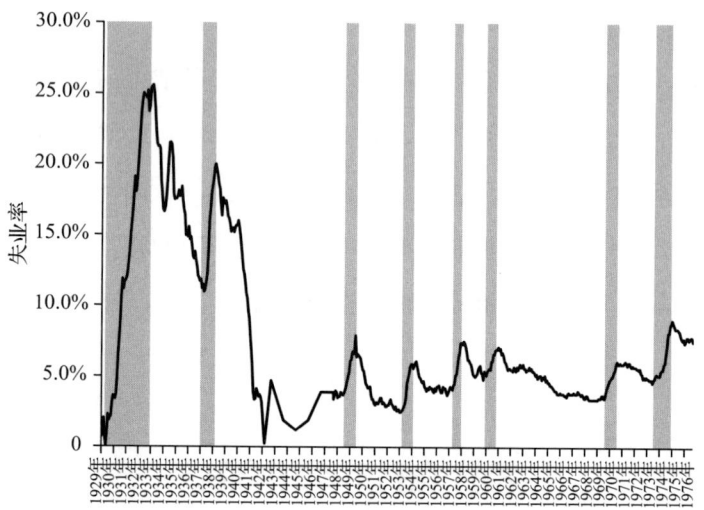

图 12-1　失业率和经济衰退：1929～1976 年

资料来源：全球金融数据公司（Global Financial Data, Inc.）、美国劳工统计局、圣路易斯联邦储备银行，2024 年 3 月 28 日。

第 12 章 高失业率拖累了股市

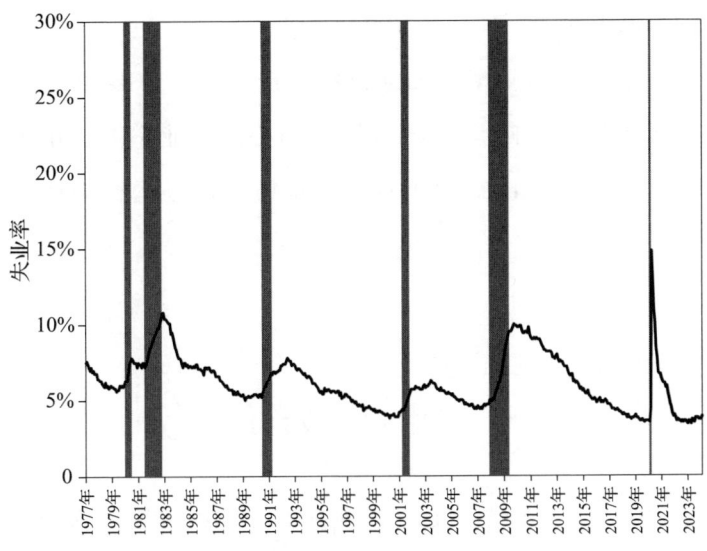

图 12-2 失业率和经济衰退：1977～2024 年

资料来源：全球金融数据公司（Global Financial Data, Inc.）、美国劳工统计局、圣路易斯联邦储备银行，2024 年 3 月 28 日。

翻开任何一份报纸，你可能会误以为低失业率会推动经济增长，这情有可原。如果这是真的，低失业率将成为一种自我延续的增长引擎。但事实并非如此。经济衰退的开始，总是在接近周期性失业率的低点附近。如果低失业率是经济的灵丹妙药，这种情况就不会发生。相反，数据证明低失业率并不能防止经济衰退，而高失业率也不会阻碍经济增长。失业固然是令人痛苦的，但无论其社会影响如何，都不能改变一个事实：经济增长

131

带来低失业率，而不是相反。

作为投资者，你也应该关注失业率对股市的影响（或没有影响）。许多人同样担心高失业率对股市不利。这种错误认知源于对股票本质及市场运行规律的误解。

股市真正先行

股市是经济的终极先行指标——投资者不会坐等经济数据显示经济复苏，他们会提前推高股价。因此，如果股市先行而失业率滞后，那么无论失业率高低，它都不可能是股市整体表现的主要驱动因素。

不要盲目相信，看看历史。表12-1展示了周期性失业率的高峰及高峰之后12个月的股市收益率（使用美国股市的长期历史数据）。它还显示了从失业率高峰前6个月开始的12个月的股市收益率——失业率仍在上升时。失业率见顶后12个月，股市平均收益率为16.9%。相当不错！但如果你在高峰前6个月买入，随后的12个月平均收益率高达29.7%。几乎是前者的两倍！

表 12-1 失业率和 S&P 500 指数收益率：股市领先，失业滞后

失业率高峰	S&P 500 指数之后 12 个月收益率	失业率高峰前 6 个月	S&P 500 指数之后 12 个月收益率
1933 年 5 月 31 日	3.0%	1932 年 11 月 30 日	57.7%
1938 年 6 月 30 日	-1.7%	1937 年 12 月 31 日	33.2%
1947 年 2 月 28 日	-4.3%	1946 年 8 月 31 日	-3.4%
1949 年 10 月 31 日	30.5%	1949 年 4 月 30 日	31.3%
1954 年 9 月 30 日	40.9%	1954 年 3 月 31 日	42.3%
1958 年 7 月 31 日	32.4%	1958 年 1 月 31 日	37.9%
1961 年 5 月 31 日	-7.7%	1960 年 11 月 30 日	32.3%
1971 年 8 月 31 日	15.5%	1971 年 2 月 28 日	13.2%
1975 年 5 月 31 日	14.3%	1974 年 11 月 30 日	36.2%
1980 年 7 月 31 日	12.9%	1980 年 1 月 31 日	19.3%
1982 年 12 月 31 日	22.5%	1982 年 6 月 30 日	61.1%
1992 年 6 月 30 日	13.6%	1991 年 12 月 31 日	7.6%
2003 年 6 月 30 日	19.1%	2002 年 12 月 31 日	28.7%
2009 年 10 月 31 日	16.5%	2009 年 4 月 30 日	38.8%
2020 年 4 月 30 日	46.0%	2019 年 10 月 31 日	9.7%
平均	**16.9%**		**29.7%**

资料来源：美国劳工统计局和全球金融数据公司，2024 年 3 月 14 日。S&P 500 总回报指数。

不要把这当作预测工具。即使你希望，也无法准确预测失业率的拐点（更别说提前 6 个月的时间）。我不知道有谁做到过，甚至是否有人尝试过。但这表明，当失业率高企且上升时，股市完全可能会上涨。没有证据表明高失业率对市场是负面的。恰恰相反！因为失业率通常在经济衰退结束前后达到高点。而股市会提前启

动——并且反应迅速。(参见第 10 章。)

令人惊讶的是,这一"常识"仍然存在,尤其是考虑到有大量数据可以验证的情况下。那么,为什么会这样呢?

首先,因为人们通常不会去验证那些"众所周知"的事情是否真的正确。这就像质疑自己,而人们不喜欢这样做。而且,这可能意味着我们因陷入误区而感到愚蠢——我们真的不喜欢这样。其次,在某些方面,高失业率对经济不利似乎是一种直觉。这个观点来源于消费者需求是我们经济的主要驱动力。

在某种意义上,确实如此。今天消费者支出占 GDP 的 68.7%。[1] 但人们误解了这些占 GDP 主要部分的增长。

如果很多人失业,这意味着他们的可支配收入减少,按照这种逻辑,这应该会拖累经济和股市。对吗?但以 2007～2009 年经济衰退后的情况为例——这是自大萧条以来美国最深、最长的衰退。在经济于 2009 年触底后,美国消费者支出在 2010 年 7 月超过了衰退前的峰值水平,并稳步上升。[2] 然而,失业率在 2014 年 9 月之前一直保持在 6% 以上,直到 2016 年才降至 5% 以下。[3] 怎么会这样呢?

消费者支出极为稳定

事实上,美国消费者支出极为稳定——它在经济衰退期间不会大幅下降,因此在复苏期间也没有大幅反弹。这是因为消费者购买的大部分是生活中必需和刚性的商品或服务。当经济困难时,我们通常仍然会购买牙膏和处方药,还会在保险、住房、公用事业等事项上花钱。也许我们会从高档品牌的牙膏换成普通品牌,也许会更加注意节约用电、关灯等。但总体而言,居民基本消费品的支出相当稳定。

表12-2显示了私人消费的组成部分,以及2008年第二季度实际GDP增长峰值到2009年第二季度低谷期间它们的下降幅度,还显示了每个组成部分在衰退结束时的总支出占比。

表12-2 私人消费的组成部分:服务类支出巨大且稳定

	消费比例 (2009年 第二季度)	2008年第二季度到 2009年第二季度 实际增长率
国内生产总值		−4.0%
个人消费支出	100%	−2.4%
耐用商品	7.7%	**−11.0%**
−机动车及零部件	3.0%	−13.7%
−家具及耐用家居设备	1.8%	−13.4%

（续）

	消费比例（2009年第二季度）	2008年第二季度到2009年第二季度实际增长率
－娱乐商品及车辆	1.7%	−8.9%
－其他耐用商品	1.3%	−5.7%
非耐用商品	**21.2%**	**−3.0%**
－外出消费的食品及饮料	7.6%	−2.1%
－服装及鞋类	2.8%	−8.4%
－汽油及其他能源商品	2.7%	0.3%
－其他非耐用商品	7.9%	−3.1%
服务	**71.6%**	**−0.7%**
家庭消费（用于服务的）支出	**68.8%**	**−0.9%**
－住房及公用事业	20.4%	−0.1%
－医疗保健	16.6%	2.5%
－交通服务	3.0%	−8.9%
－娱乐服务	4.1%	−2.7%
－食品服务及住宿	6.7%	−4.3%
－金融和保险服务	9.4%	−0.1%
－其他服务	8.8%	−3.2%
非营利机构为家庭服务的最终消费支出（NPISHs）	**2.9%**	**3.2%**

注：表中数据因四舍五入存在误差。
资料来源：FactSet和美国经济分析局（2024年3月22日）。

迄今为止，消费者支出的最大组成部分是服务——在过去20年中，它约占总支出的三分之二。[4] 在2007～2009年经济衰退期间——按历史标准来看，这是一次严重的衰退——服务支出从峰值到低谷仅下降了0.7%。

其中最大的服务组成部分——住房及公用事业——的支出仅下降了0.1%。而第二大组成部分——医疗保健——的支出则上升了2.5%。

消费者支出的第二大类别（21.2%）是非耐用商品。非耐用商品是指预期使用寿命少于三年的物品，如鞋子、衣服和食品。这些往往是必需品而非奢侈品，这一类别从峰值到低谷仅下降了3.0%。

只有7.7%的支出用于耐用商品。这些主要是（但不完全是）大件商品。它们在支出中的占比最小，但却是新闻报道中最关注的部分，例如"汽车销量下降25%！"。但在经济低迷时期，人们推迟购买汽车、洗衣机或平板电视，这真的令人惊讶吗？这对这些行业来说并不好，但也不至于造成经济灾难。

与此同时，人们通常会继续消费基本生活必需品。这就是为什么在许多经济衰退期间，消费者支出占GDP的比例不降反升（见图12-3）！

诚然，消费者支出在经济衰退期间确实会整体下降一些，但下降幅度不如GDP整体萎缩的幅度大。企业支出虽然在GDP中占比较小，但波动性更大，通常是导致GDP增速大幅变动的主要原因。图12-4显示了2007～2009年经济衰退期间GDP主要组成部分从峰值到低谷的贡献。(尽管美国国家经济研究局将衰退开始日期定为2007年12月,但经济产出直到2008年第二季度才达到峰值。)进口和政府支出对GDP有所影响,但幅度不大。

图12-3 消费者支出占GDP的百分比在经济衰退期间上升
资料来源:FactSet,2024年3月25日。

住宅投资削减了一些经济产出,但可能远不及大多数人所认为的那么多。人们错误地认为,2008年的经济衰退、信贷危机和熊市主要是由疲软的房地产市场引起的——但现实是,房地产在GDP中所占比例太小,无法产生非常大的影响。我们在2023年看到了这一点,当时房地产同样大幅下跌,但并未引发经济衰退。2008年,消费者支出削减了1.3个百分点——这并非微不足道。企业投资对经济下降的贡献略多,为1.4个百分点。如果企业支出保持平稳,那确实将是一次温和的衰退。

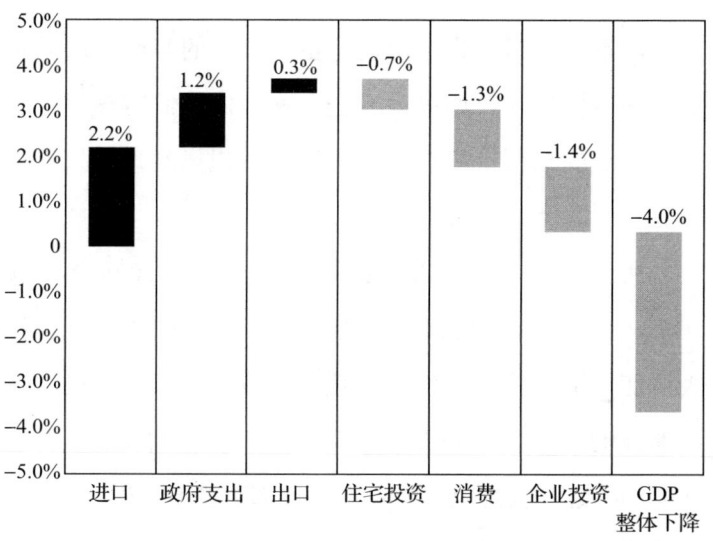

图12-4　2008年第一季度至2009年第二季度
美国GDP下降的贡献因素

资料来源:FactSet,2024年3月25日。

但企业支出在经济衰退中很少保持平稳。经济衰退之所以成为衰退,很大程度上是因为企业支出的波动性。更重要的是,企业,即生产者,才是经济活力的真正驱动力。人们把这一点搞反了,认为消费者需求是王道。但如果生产者不生产,消费者就无法消费。

生产者处于主导地位

这不是一场"鸡生蛋还是蛋生鸡"的辩论。这只是世界的运作方式。如果没有企业家坚信他们能够生产出市场喜欢的东西,并投入个人资本承担风险,那么就不会有太多的经济活力。

从这个角度看,现在我写作的时间是2024年。就在15年前,你可能有一部智能手机,也可能没有。很大可能,那时你仍然使用翻盖手机或"直板"手机,带有迷你的黑白屏幕和慢如蜗牛的网页浏览器(如果有的话)。你是否能想到15年后,大部分人将与他们的智能手机形影不离?各种技术与消费电子相互作用和影响,会让你的生活更轻松?如果与手机分离超过几个小时,你会感到焦虑不安?你无法想到这些!有人发明了第一代智能手机——它们看起来像超级富豪和/或技术爱好者的酷炫玩具。然后是第二代。接着,随着技术进步,需求和生产交替增长,无数模仿者出现,推动成本下降，使大多数人能够买得起智能手机。现在，它们无处不在，并以 15 年前你无法想象的方式被使用。甚至，它们的使用方式可能是最初的智能手机生产者未曾（也无法）预见的。

绝对不会发生的是，2007 年之前，人们蜂拥至当地的电子产品商店，敲着门说："嘿！我需要一部便携式手机，它还得是电脑、日历、GPS 和名片夹！它最好使用触屏技术，虽然这玩意儿还没人听说过！还要确保当我问它问题时，它能以悦耳、可定制的声音回答问题；并且能追踪我一天走了多少步；还能随时播放任何我想听的歌曲；并且只需点击几下就能给我买的卡布奇诺咖啡付款。对了，它还必须包含一个游戏，你可以用弹弓把小鸟射向木头、石头和冰做的建筑，以杀死偷鸟蛋的小猪！"

如果你说了这样的话，可能会有人把你送进精神病院。

在过去的创新的基础上，创新的企业家们（见第 1 章）发明了智能手机，然后人们认为，没有它们世界将无法运转。随后，各种小型产业如雨后春笋般涌现，应用程序迅速增多，设计和提供能够想象到的任何功能。

这就是经济的真正运作方式。如果没有生产者进行生产——无论是必需品、非必需品还是服务——你根本就不会有太多的经济活动。

  这就是为什么人们对失业和经济之间关系的认识如此不合时宜。消费者需求并不是经济增长或缺乏增长的波动性驱动力。它太稳定了，即使在失业率高企的时期也是如此。生产者才是经济增长的主要引擎，他们愿意冒险生产他们认为未来会带来更多利润的东西。

  政治家们可以尽情咆哮、指责和指手画脚。但如果希望降低失业率，他们应该通过旨在降低创业壁垒的政策。是增长导致了招聘需求，而不是反过来。反过来的情况从未出现过。

第 13 章

高负债是大问题

"美国债务太多了！这是一个大问题！"

所有人都认为美国负债过重，没有谁不同意这个观点。在全社会层面，绝大多数人只是简单地认为联邦债务是不好的——债务越大，问题越严重。但请记住，那些不加质疑就被接受的观点，往往是最需要深入调查思考的事情。

　　大多数人理性地理解，在个人层面上，债务是可以接受的。有些人会陷入债务危机，这当然不好。但大多数人明白，如果债务管理得当，并无不妥，甚至是必要的！如果没有贷款，大多数人买不起房子或汽车。甚至，许多人连第一次求职面试的西装都买不起。

　　大多数读者可能也认为企业债务是可以接受的。同样，我们知道有些公司债务处理不当。但它们有强烈的动机避免这种情况——如果它们处理得非常糟糕，CEO可能会被解雇，这是 CEO 不希望面对的。股东可能会愤怒并抛售股票，或者公司可能会破产！这些都是理性的管理者希望竭力避免的情况。

但企业经常利用债务来建造新工厂、资助研究，或收购竞争对手或互补业务以扩大规模。这些都有助于企业赚取或增加利润，而我们喜欢盈利的公司。盈利的公司以合理的价格为我们提供所需的商品和服务，并且还提供就业机会！这些都是好事。

然而，当谈到政府债务时，这种理性思维往往会失效。我们不喜欢地方政府债务，厌恶州政府债务，并最为猛烈地抨击联邦政府债务。

政府在花钱方面是不明智的

或许许多读者都正确地认识到，美国政府是极为糟糕的资金管理者——联邦政府比州政府糟糕，而州政府又比地方政府更糟。这些都是事实！美国政府确实是非常低效的资金使用者。尽管如此，即使是最坚定的自由主义者也会同意我们需要政府修建道路等基础设施。政府制定并执行保护买卖双方的制度和法规,这是好事。在我看来,政府最重要的职能莫过于对私有财产权的强力保护。

我确实希望政府少花钱。这并非出于任何意识形态的立场,而是因为人们会以更聪明的方式花钱,从而让自己和家人受益。当他们以自利的方式花钱时,才最终对社会更有利。如果你质疑这一点,那你一定不认同市场经济。如果你不认同市场经济,我不确定你为什么要读一本关于股票的书。但亚当·斯密曾说过:"我们的晚餐并非来自屠夫、酿酒商或面包师的恩惠,而是出自他们自利的打算。"这意味着,从全社会角度来看,如果我们每个人都做对自己有利的事情,整体上我们会过得更好。如果能让民众保留更多的钱,而政府缩减开支,就能更好地做到这一点。

我希望美国政府不要成为如此愚蠢的支出者,但却并不害怕它的债务——你也不应该为此忧虑。原因如下。

首先,人们常说美国有"太多债务"。但这意味着政府应该有一个"正确"的债务水平,并且有一个明确的债务阈值,一旦超过就会引发灾难。

现在,许多人会说政府最佳的债务水平是零。但这完全脱离现实。我不知道一个国家如何在没有债务机制的情况下发行货币或执行货币政策。有些人认为可以回归金本位，但是美国在以前实行金本位时仍然有联邦债务。更重要的是，金本位并不能防范任何形式的经济问题。在美联储成立之前，银行信任危机更加频繁和严重。2007～2009年的经济衰退与19世纪严重而频繁的大萧条相比，简直是小巫见大巫。

有些人认为金本位（或银本位、双本位）可以让闲不住的政治家不再干预货币政策。这与实际情况恰恰相反。设定并维持与固定基准的挂钩需要大量的调整——由政治家进行调整。一旦规则确立，政治家可以根据需要改变规则。我不认为美联储是完美的。远非如此！但基于金属的货币只会引发更多的政府干预，而不是更少。（更不用说我们必须说服世界其他国家采用金本位、银本位、双本位或其他标准的本位制。）

正确看待债务

但没有证据表明存在所谓"正确"的债务水平。许多人未能正确看待联邦债务，而是仅关注债务数据的绝对值。图13-1显示了美国净公共债务占GDP的百分比，这是更合理的思考方式。净公共债务是公众持有的总债务——不包括政府内部机构持有的联邦债务，净公共债务可以被视为美国政府的负债。毕竟，当你做家庭账目时，不会把从配偶那里借来的20美元视为负债——这是家庭内部的事情，在某种意义上相互抵消。

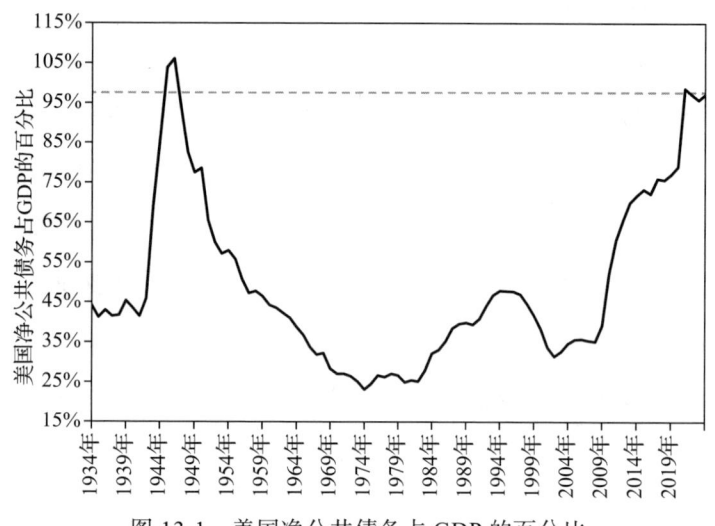

图 13-1　美国净公共债务占 GDP 的百分比

数据来源：美国管理与预算办公室、美国财政部、美国经济分析局，2024 年 3 月 20 日。数据从 1934 年至 2023 年。

美国债务占 GDP 的比例目前处于较高水平——尤其是在新冠疫情时期不计代价的大规模支出之后。这不足为奇。但它仍低于峰值水平。1946 年，美国债务达到了 GDP 的 109%！但随后的岁月并没有出现经济崩溃，而是被认为是经济强劲扩张和技术进步的时代。有些人可能会争辩,说现在情况不同了(这种假设常常有问题)——那是战争债务。没错。但债务本身并不关心它发行的目的。它就是债务!它是一种契约,必须被偿还。没有证据表明高债务是导致经济崩溃的直接原因。

此外,美国的历史数据相对较短。但英国提供了更长期的视角。图 13-2 显示了自 1700 年以来英国净公共债务占 GDP 的百分比。

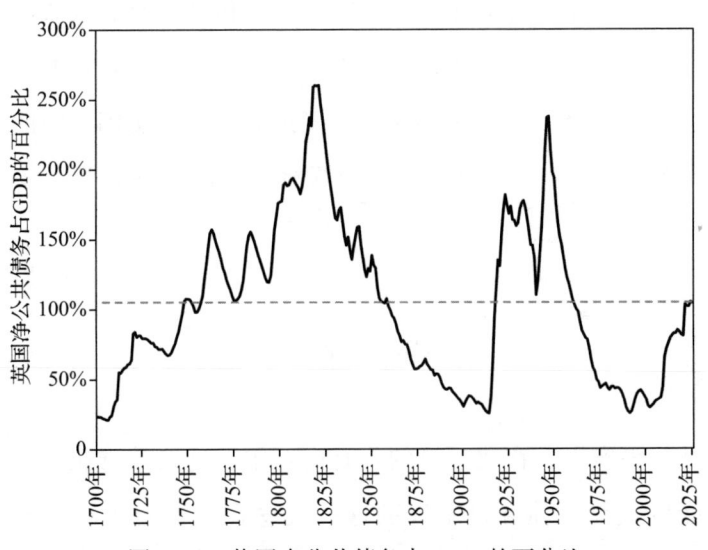

图 13-2 英国净公共债务占 GDP 的百分比

资料来源:英国财政部,ukpublicspending.co.uk,2024 年 3 月 20 日。数据从 1700 年至 2023 年,以及 2024 年至 2025 年的预算估算。

令人惊讶的是,英国的债务水平曾经高得多——甚至比新冠疫情后的峰值还要高。从大约 1750 年到 1850 年，英国净公共债务占 GDP 的比例超过 100%，其中大约一半时间超过 150%，并在峰值时超过 250%！然而，英国在这一时期及之后发生了什么？英国是无可争议的全球经济和军事超级大国。工业革命在英国拉开了序幕，时间比美国更早。英国成为全球革命性制造实践的中心，而这一切成就都发生在它债务水平极高的时期。

在那个消息靠步行、马匹、信鸽传递，直到很久以后才通过火车传播的时代，英国都能以超过 100% 的债务水平维持一个世纪的超级大国地位，那么美国目前的高债务水平也没有理由一定会导致长期的经济衰退。

质疑精神至上

事实上，在我写过的所有内容中，这是最难让人接受的概念。债务是不好的这一观念在我们心中根深蒂固，大多数读者可能会直接拒绝我的观点，拒绝考虑数据或思考基本面——或者干脆跳过这一章。

但何必如此呢？质疑你所相信的东西——即使是你深信不疑的东西——并不会有什么坏处。最坏的情况是什么？你要么验证了自己一直都是对的，这很好；要么发现自己相信了错误的东西，导致你对世界的看法完全错误，并可能导致投资中犯错，这其实更好！因为如果你能更清晰地看待世界，就能减少错误，获得更大的长期成功。无论如何，这都是双赢的。

所以，忘记你自以为知道的东西，看看事实和证据吧。当本书2013年出版第1版的时候，许多人都在大声抱怨着美国正在沦为希腊——那个时代欠下不良债务的典型代表。我当时写道，希腊的问题不在于债务过多，而在于其经济结构缺乏竞争力，以及政府系统制度性地腐败。

接下来发生了什么？自2012财年结束以来，美国积累的债务足以让希腊看起来相对节俭——美国债务从略高于16万亿美元增加到2023财年末的33万亿美元，增加了一倍还多！[1] 但结果呢？美国并没有变成希腊，仍然是强大有活力的经济体。

真正的症结：债务可负担能力

弄懂这一点是不是比较困难？换个角度思考：当你贷款买房时，总债务会飙升，对吧？但这意味着你即将破产并走向财务危机吗？不！问题不在于你的债务本身，而在于是否负担得起——能按时还款吗？

对一个国家来说，道理也是如此。图 13-3 显示了联邦债务利息支出占 GDP 的比例。尽管美国的总债务现在更高了，但多年的超低利率使债务保持了合理水平。

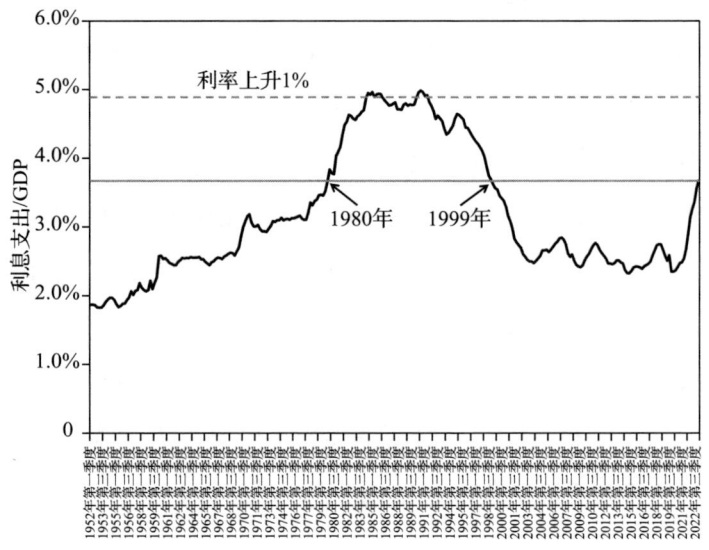

图 13-3　联邦债务利息支出占 GDP 的比例

资料来源：Thomson Reuters，2024 年 3 月 25 日（1952 年第一季度至 2023 年第四季度）。

（记住，2022 年之前发行的长期债务通常仍按历史低位的利率支付。虽然在 2024 年年初我写本书时利率较高，但这些较高的利率仍未达到 20 世纪 70 年代、80

年代、90 年代甚至 21 世纪初的水平。)

考虑一下：2023 年年底的债务利息成本低于 1980 年第二季度至 1999 年第二季度的水平——那段时间并未出现经济崩溃。恰恰相反！在 20 世纪 80 年代和 90 年代的大部分时间里，美国都是主导全球的经济强国。而在那期间，美股出现了两次长达十年左右的大牛市。

如果利率不回到 21 世纪前 10 年的水平，债务成本可能会从现在的水平上升。但在美国的利息支出达到过去的高点之前，仍有回旋余地——我们知道，过去的高点并没有带来问题。

即使平均利率未来再上升 1%，债务偿付也只是达到 1991 年的水平——而那一年正是大规模经济繁荣和牛市的起点。

信用评级被下调后，债务成本反而降低

有些人可能会争辩说，增加债务会导致利率上升，因为投资者会失去信心。那么我们再问一下，证据在哪里？美国的净债务水平在整个 21 世纪 10 年代都在增加，但利率却不断下降了。2009 年年底，10 年期国债收益率

为3.83%。² 到2019年年底，这一数字减半至1.92%。³

更重要的是，美国的债务评级被下调了——而利率却下降了！

简单回顾一下，2011年8月，在一场激烈的辩论之后，美国债务上限（一个设立于1917年旨在为战争融资提供便利的指标，设立以来已被提高100多次）被提高了，标普公司下调了美国的AAA信用评级。人们担心这会引发对美国债务的信任危机。

但这并没有发生。恰恰相反！美国股市在调整中反弹，直到2011年年底，牛市又持续了8年多。

即使在新冠疫情引发的大规模支出狂潮——以及熊市之后——2020年年底10年期国债收益率仍低于1.0%。⁴ 如果国际市场担心美国信用风险恶化，那么事态的发展完全与预期相反。

直到2022年美联储开始加息后，投资者才开始要求更高的收益率。然后，2023年8月1日，惠誉将美国的AAA信用评级下调至AA+。又一次降级！美国10年期国债收益率从降级前的3.95%攀升到2023年10月19日的4.99%。⁵ 恐慌的评论家们尖叫着，债务末日终于来了！但事实并非如此。到2023年年底，10年期国债收益率回落至3.88%——低于惠誉降级前的水平！⁶

世界以这种有趣的方式表明，它并没有对美国长期偿还债务的能力感到不安。

但问题就在这里。美国的信用风险并没有大家想象的那样高。这是市场用行动告诉我们的。为什么市场对这些引人注目的信用评级下调无动于衷？三大信用评级机构（标普、穆迪和惠誉）实际上是政府支持的一个寡头垄断行业。因此，到目前为止，这些评级机构无须在价格或质量上竞争。市场通常知道它们的观点价值有限。

这些评级机构还擅长告诉我们那些市场已经知道的事情。而如果你基于政客——那些可能在下一次选举后就不复存在的政客——的行为形成观点，市场就更没有理由在意了。在标普或惠誉的眼中，美国的信用可能不再是AAA级，但它仍然拥有世界上最大、最成熟的信贷市场。

依赖其他国家

也许你认同这种观点——美国的债务负担能力与相关的债务水平同样重要（甚至更重要）。但另一个普遍担忧是否重要呢,即美国过度依赖于外国债权人?

流传的故事是这样的:其他国家支撑着美国挥霍无度的生活方式,而美国危险地受制于它们。更糟糕的是,中国几乎拥有美国所有的债务!(每当美国人读到关于其他国家持有美国债务的新闻时,美国人都会对中国的美债持有量小题大做。)

美国真的危险地受制于外国债权人吗?图 13-4 展示了美国政府债务的主要持有人,而表 13-1 则对"其他"类别进行了细分。

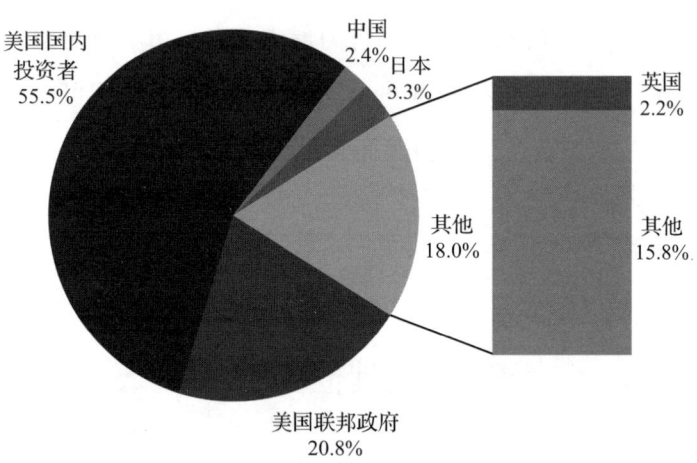

图 13-4　谁实际持有美国政府债务

资料来源:Thomson Reuters,2023 年 12 月 31 日。

表 13-1 美国"其他"的借款人

借款人	持有美债比例	借款人	持有美债比例
卢森堡	1.09%	荷兰	0.22%
加拿大	0.99%	阿联酋	0.19%
爱尔兰	0.98%	泰国	0.18%
比利时	0.92%	澳大利亚	0.18%
开曼群岛	0.90%	菲律宾	0.17%
瑞士	0.85%	以色列	0.16%
法国	0.76%	西班牙	0.16%
印度	0.69%	瑞典	0.14%
巴西	0.68%	科威特	0.14%
新加坡	0.59%	意大利	0.13%
沙特阿拉伯	0.39%	波兰	0.13%
挪威	0.37%	哥伦比亚	0.12%
韩国	0.35%	智利	0.12%
德国	0.35%	秘鲁	0.10%
百慕大	0.27%	越南	0.09%
墨西哥	0.23%	所有其他	3.12%

资料来源：Thomson Reuters，2023 年 12 月 31 日。

美国债务的最大部分——55.5%——由美国国内投资者持有：个人、企业、慈善机构、银行、共同基金以及无数其他实体。

美国联邦政府本身通过内部机构持有 20.8%，仅有 23.7% 由其他国家投资者持有。

其中并不全由中国持有。中国持有 2.4%，在其他国家中排名第二——这并不令人意外，因为中国现在是全球第二大经济体，约占全球 GDP 的 18%。日本持有更多的美国政府债务——占 3.3%，但几乎没有人对此抱怨。(日本和中国经常交替成为美国最大的单一外国债权人。) 在 20 世纪 80 年代，人们对日本的经济增长及其购买美国资产的行为感到不安。但随后日本进入了长期的停滞期——主要是因为它的市场经济运作方式存在问题。○

因此，中国和其他外国投资者持有的美国债券数额整体上并未达到令人恐惧的程度。但美国民众通常还有两个额外的担忧：一是外国持有者会抛售美国的债券，二是美国无法偿还。或者，外国投资者会停止购买美国的债券，美国将无法继续为自己的挥霍买单。(如果你认为美国人挥霍无度的话，我不这么认为。我认为美国政府在花纳税人的钱方面很愚蠢，但我并不担心挥霍问题，这与本章前面提到的美国债务可负担能力有关。)

让我们厘清这个逻辑链条：如果中国 (或任何人) 大量抛售美国的债券，为什么要为此恐慌呢？这些债券是合同。如果他们想出售，鉴于没有回购条款，美国不

○ 此为作者观点，有待商榷。——译者注

需要一次性支付剩余本金。相反，中国会在二级市场上出售其持有的美债。其他人会购买这些债券，然后美国将向他们支付与中国相同的利息。这对美国没有额外的影响。美国不在乎谁持有债券——美国只在乎能否支付利息和本金。

但为什么中国会想一次性抛售大量美国国债呢？这会增加二级市场上的债券供应。供应增加，价格下跌。中国可能会在这笔交易中亏损。

但等等——债券收益率和价格呈反向关系。如果中国大量抛售导致价格下跌，利率将上升——这使得美国的债券在下次交易中对其他投资人更具吸引力！这会增加需求，从而推高价格并压低收益率。在这种情况下，美国不会受到太大影响（如果有的话）——而且这种情况不太可能发生，因为中国会按照自身利益行事，而一次性抛售大量美国债券并不符合中国的最佳利益。

中国购买美国债券并非出于慈善或某种国际关系的原因。它并不觉得对美国有义务。它购买美国的债券是因为这满足了其特定需求。在这种情况下，中国购买大量美国债券是为了管理其货币，并且因为没有其他债券市场能够容纳中国庞大的外汇储备。

无处可去

若各国决定不再购买美国债券……它们还能买谁的债券?又有哪个债券市场拥有如此良好的流动性可供选择呢?表13-2展示了美国与其他AAA评级国家的公共债券的对比,这些国家的债券可能是美国债券的替代者。美国债券占这些债券总额的76.4%。诚然,中国和其他国家可以购买澳大利亚、加拿大或德国的债券,它们也确实在这么做!但它们必须大幅分散其债券持有量。英国是除美国外最大的低风险政府债券发行国,但其公共债券市场规模不到美国的九分之一。美国债券并没有一个完美的替代品,而放弃美国债券将使投资者面临更大的债券利率波动风险。

表13-2 美国和其他债券发行人

国家/地区	公共债券(百万美元)	公共债券占总额的百分比
澳大利亚	1 155 737.3	3.3%
加拿大	1 007 457.8	2.8%
丹麦	89 931.4	0.3%
德国	2 068 203.9	5.8%
卢森堡	19 477.1	0.1%
荷兰	430 282.7	1.2%
挪威	50 606.2	0.1%
新加坡	430 328.5	1.2%

（续）

国家/地区	公共债券（百万美元）	公共债券占总额的百分比
瑞典	84 429.4	0.2%
瑞士	133 799.3	0.4%
英国	2 929 962.5	8.2%
美国	27 131 500.0	76.4%
总额	**35 531 716.1**	**100%**

资料来源：FactSet，2024年3月28日。包括所有被惠誉、穆迪或标普全球评为AAA或Aaa的国家以及英国。

美国的债务状况并非岌岌可危。美国不是希腊，差着十万八千里呢！债务也并非许多人认为的"天生恶魔"。如果运用得当，债务是一个健康经济体中正常且合理的一部分。完全避免债务并不会改善任何问题。历史上，美国曾一度无债——那是在1835年，安德鲁·杰克逊用西部土地销售所得还清了所有债务。然而，这直接导致了1837年的经济危机和持续至1843年的大萧条——这是美国历史上最严重的三次经济大萧条之一（另外两次分别开始于1873年和1929年）。

不必为债务总额忧心忡忡，而应关注其可负担能力。

第 14 章

美元强势,则股市强势

"强势美元更好。"

美元的相对强势（或弱势）常被用来解释各种经济问题。例如，因为经济疲软，所以美元走弱。巨额预算赤字让外国投资者看衰美国，从而削弱美元。

还有人担心，美元疲软会自我强化，进一步走弱。比如，美元疲软会使美国进口商品更贵——而美国是净进口国，这可能会拖累经济增长！许多人还担心，美元疲软预示着股市收益不佳。

美元强弱，真的重要吗

诚然，如果企业不通过压低价格来保持市场份额，

第 14 章 美元强势，则股市强势

美元疲软会使进口商品更贵。但这并不意味着强势美元就是好事！或者说，当美元强势时，人们并不一定为此感到高兴。就像在 20 世纪 90 年代和 21 世纪 10 年代美国经历的周期那样，强势美元也经常被指责为经济问题的祸根。人们抱怨强势美元使美国的出口商品太贵，导致无人购买，对经济损害很大。还有人认为，强势美元会压垮那些背负大量美元债务的新兴经济体，从而引发全球范围的连锁危机。似乎人们相信存在某种完美的美元与非美元平衡状态——如果我们偏离了这一点，就会走向崩溃。

这种观点十分荒谬，原因如下。首先，货币只是财富价值不同形式的载体，没有哪一种货币天生优于另一种。无论是强势货币还是弱势货币，都各有利弊。其次，货币不同于股票，并非增值资产，它们是交易媒介。如果一种货币走弱，它只是相对于其他货币走弱。因此，美元走弱是因为欧元、英镑或其他货币走强，反之亦然。换个角度看：如果你认为美元疲软对美国经济不利，那么非美元货币走强对非美国经济体应该是有利的。由于美国仅占全球 GDP 的 26%，根据这一理论，美元疲软对全球的负面影响应该小于非美元货币走强带来的正面影响！[1] 因此，权衡之下，美元疲软应该是好

事。不……应该是大好事!

你内心深处知道弱势美元影响经济的逻辑是无稽之谈。但如果坚持相信货币疲软对经济有害,那么按照逻辑推理,就会得出某种荒谬结论——只是人们通常不会这么透彻地反思。

波动相互抵消

但货币的波动肯定会对进出口价格产生重大影响,进而影响企业利润和股票表现,对吧?在纯粹的理论推演下,也许是这样。但现实更为复杂。一个重要原因是:如今,很少有产品的原材料、制造和组装都在同一个地方完成。一些"美国"汽车的变速箱来自美国,发动机来自西班牙,然后在墨西哥组装。一些其他国家的汽车在美国组装,使用美国制造的变速箱……但发动机来自韩国。对于在美国销售的汽车型号,美国国家公路交通安全管理局(NHTSA)会追踪其零部件(按价值计算)有多少来自美国或加拿大。2023 年,最具"北美"特色的美国汽车仍有四分之一的零部件来自美国和加拿大以外的地区![2] 一些知名的"美国"车型,其非美国/

加拿大零部件比例甚至超过70%！[3]

当你用多种货币购买零部件、支付工人工资并销售汽车时，许多局部的微小波动会相互抵消。此外，那些在多个市场进行多种货币交易的大型公司对汇率变动非常了解，因此它们通常会采取对冲措施，以防范意外的大幅波动。

从"四象限"思考

如果货币真的决定经济的命运，股市会告诉你答案。但无论美元强弱，其相对强度并不能决定股市的方向。沿用前文的逻辑来看：如果美元疲软，意味着非美元货币走强。如果美元疲软对美国股市不利，那么非美元货币走强应该对非美国股市有利。如果这是真的，我们应该能很容易在历史中看到——美国和非美国股市会呈现反向波动，至少存在轻微的负相关性。

但事实却截然相反。美国股市和非美国股市通常朝同一方向波动，如图14-1所示。虽然并非总是如此，波动幅度也不尽相同，但如果美国股市上涨，非美国股市往往也会上涨；当美国股市下跌时，其他股市往往也是如此。虽然并非完全同步,但足以表明美国和非美国股市并未朝相反方向波动。

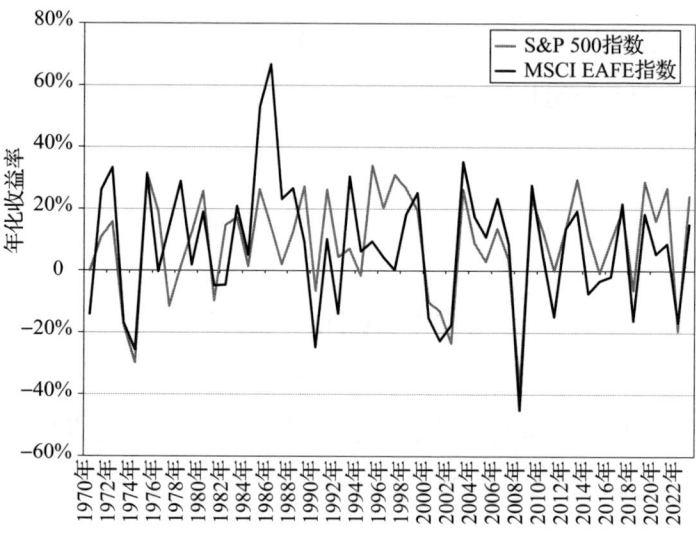

图 14-1 美国股市和非美国股市

资料来源:FactSet,2024 年 4 月 16 日。S&P 500 指数和 MSCI EAFE 指数的年化收益率。

另一种测试美元汇率波动方向是否影响股市的方法,我称之为"四象限"法,可以用它来验证各类市场假说。表 14-1 显示了在任何给定年份中,美国股市的两种可能结果——上涨或下跌——及其频率。(数据可追溯至 1971 年,即布雷顿森林体系结束后,主要货币开始真正自由浮动的时期。)它还显示了贸易加权美元

第 14 章 美元强势,则股市强势

的两种可能结果及其频率。(贸易加权美元[⊖]是正确的方法,因为我们最关心的是美元相对于美国贸易伙伴的表现。美国与不丹的贸易不多,因此不关心努尔特鲁姆对美元的强弱。)

表 14-1 美国股市和美元

		美国股市		
		上涨	下跌	总额
美元	上涨	23(43%)	6(12%)	29(55%)
	下跌	19(36%)	5(9%)	24(45%)
	总额	42(79%)	11(21%)	

资料来源:全球金融数据公司(Global Financial Data, Inc.),2024 年 3 月 22 日。从 1970 年 12 月 31 日至 2023 年 12 月 31 日,美元贸易加权指数、S&P 500 总回报指数。

结合起来,你可以得到每年四种可能的频率:股市和美元同时上涨,股市上涨而美元下跌,股市下跌而美元上涨,或两者同时下跌。

首先,最醒目的事实是,美国股市上涨的次数远多于下跌——在这一时期,上涨的概率高达 79%。(将这一点铭记于心,你会在投资中取得更多成功:股市上涨

⊖ 贸易加权美元是一个经济指标,它衡量的是美元相对于其他主要贸易伙伴国货币的价值。这个指数是根据美国与其贸易伙伴之间的贸易额来加权计算的,这意味着与美国的贸易量越大,该国货币在指数中的权重就越大。贸易加权美元指数通常用来反映美元在国际贸易中的综合竞争力。——译者注

的次数远多于下跌。)其次，美元上涨或下跌的概率几乎是对半开。没有证据表明美元是单向波动的。

那么，最常见的情形是什么？美元和股市同时上涨——占所有年份的43%。一旦理解股市上涨多于下跌的事实，这就并不令人惊讶。

美元疲软对股市不利的证据在哪里？如果这个说法成立，数据应该显示，当美元下跌时，美国股市通常也会下跌。但事实并非如此。历史上，当美元下跌时，股市上涨的概率是下跌的四倍——上涨占所有年份的36%，而下跌仅占9%。(再次强调，股市上涨的次数远多于下跌。)

当股市下跌时，美元上涨或下跌的概率几乎是对半开，因为总体而言，美元上涨或下跌的概率本身就是对半开。关于美元对股市方向的影响，这里无法得出任何结论，因为从长期来看，美元对股市方向没有影响。

表14-2显示全球股市的情况与此类似。同样，全球股市上涨的次数多于下跌。当美元下跌时，全球股市上涨的概率是下跌的五倍还多(上涨占所有年份的38%，而下跌仅占7%)。同样，无法得出任何结论，因为美元方向并不影响全球股市方向。没有比这更清晰、更简单的结论了。

第 14 章 美元强势，则股市强势

表 14-2 全球股市和美元

		全球股市		
		上涨	下跌	总额
美元	上涨	19（36%）	10（19%）	29（55%）
	下跌	20（38%）	4（7%）	24（45%）
	总额	39（74%）	14（26%）	

资料来源：全球金融数据公司（Global Financial Data, Inc.），2024年3月22日。从1970年12月31日至2023年12月31日，美元贸易加权指数，S&P 500总回报指数。

在极短期内，货币波动可能会影响你的投资组合收益。例如，如果你是美国投资者，持有一只英国股票，而股价没有变动，但英镑对美元升值10%，那么对你而言，这只英国股票的价值实际上升了10%！如果英镑下跌10%，那么对美国投资者而言，股票价值也会相应缩水。如果汇率波动幅度大于股价波动（这种情况可能发生），货币价值对美元计价的海外股票收益的影响可能比股价更大！

如果你是全球投资者并且在全球范围内分散、多样化地投资（我建议大多数股票投资者这样做），需要跟踪的货币种类很多。那么你是否应该撤出股票投资，成为一名货币交易专家？

大可不必。如果有较长的投资期限（本书的大多数读者可能如此），随着时间的推移，由于货币本质上是

一种零和游戏，并且没有周期性的规律，货币对全球化投资组合的影响相互抵消，最终影响会接近于零。

那么直接在货币上进行投资会怎样？如果你愿意，可以尝试，但要知道货币是以波动性著称的。然而，长期来看，投资者并不会从这种波动性中获得收益。如果你想通过货币交易获利，你必须成为一名出色的短线市场的择时高手，这极其困难。如果你知道如何做到这一点并能持续盈利，那么你其实不需要我的帮助或阅读这本书。

当人们说美元过于疲软（或有时过于强势）会导致股市崩溃时，请忽略这种说法。没有证据表明这一点，也没有基本面的理由支持这种观点。相反，你可以利用这种恐惧作为一个轻微的利好因素，因为对可能出现但实际上并未发生的负面事件的恐惧，几乎总是利好股市的。是的，某些因素可能会导致股市下跌，但绝不会是美元本身。

第 15 章
局势动荡将困扰股市

"世界如此可怕时,股市怎能上涨?"

专家们常常告诉我们，事情"太可怕了"，新闻太糟糕，世界太危险，股市无法上涨。（关于如何更好地解读媒体，详见第16章。）然而，世界始终存在风险。投资者可能会说："是的，但那是过去，我那时就知道那些可怕的时期最终是会过去的。但这次可不一样。"

首先，正如本书其他章节所讨论的，人们总是认为"这次不一样"。但事实上，现实往往与人们的预期截然不同。这也是为什么约翰·邓普顿爵士有句名言："英语中最昂贵的四个词是'This time, it's different'（这次不一样）。"

那些在人类进化过程中形成的有助于我们生存的本能反应，如今却让投资变得更加困难。例如，人类进化

第 15 章 局势动荡将困扰股市

出快速遗忘过去痛苦的能力——这是一种生存本能！我们误以为自己面对过去的危机时冷静从容，但事实是，我们往往惊慌失措。

只需回顾一下本书的历史。你现在读的并不是一个全新的章节。这一部分早在 2013 年的第 1 版中就存在了……当时列出了一长串"前所未有"的恐惧清单，让所有人惊慌失措：日本大地震、海啸和核事故；充满争议、据称比以往更糟糕的政治局势；债务上限危机；中东紧张局势升级；极端天气和自然灾害；欧洲债务危机等。

现在呢？与今天的麻烦相比，那些问题可能显得微不足道——啊，那不过是有些"普通"问题的一段时光！但当时没有人觉得它们微不足道或视若寻常。专家们并没有说："这些没什么大不了的。我们经历过更糟的。大家放松点儿！"与此相反，那些危机被认为是"首次出现且最严重的危机"——要么是同类中的第一次，要么是有史以来最糟糕的。天哪，有些人甚至认为世界会在 2012 年 12 月 21 日玛雅日历结束时彻底毁灭！然而，我们却迎来了七年多的经济增长和股票牛市。这可真是个意外的惊喜。

当然，21 世纪 20 年代初也存在一系列挑战，比如新冠疫情，这在很大程度上是独特且前所未有的——但最终证明，它们对经济的破坏并没有人们担心的那么严重。其他的危机呢？俄乌冲突、加以冲突、美国债务危机、更多的政治闹剧、加息……但将它们与2013年的清单对比，你会发现许多问题并非"首次出现且最严重"。

以政治分歧为例。现在的政治真的更加充满争议吗？政治争论一直都很激烈——任何告诉你美国现在更加分裂的人，其实对美国历史一无所知。政治内斗是常态。然而，新闻媒体却将政府停摆和接近停摆的情况——以及国会辩论几乎演变成肢体冲突——解读为当今政治空前糟糕的证据。但事实真的如此吗？还是社交媒体只是让旧有的对立更加病毒式地传播、更容易被公众注意到？

政府停摆并非新鲜事——问问纽特·金里奇（Newt Gingrich）和比尔·克林顿（Bill Clinton），他们在20世纪90年代就经历了多次政府停摆。肢体冲突？1985年，加州众议员罗伯特·多南（Robert Dornan）在众议院议事厅抓住纽约州众议员托马斯·唐尼（Thomas Downey）的领带，起因是多南称唐尼为"逃避兵役的懦夫"。[1]

第 15 章 局势动荡将困扰股市

而这与 1902 年南卡罗来纳州两位参议员的冲突事件相比，简直是小巫见大巫。本杰明·蒂尔曼（Benjamin Tillman）得知同事约翰·麦克劳林（John McLaurin）正在发表激烈演讲，指控蒂尔曼参与权钱交易，便冲出委员会会议，闯入参议院议事厅，一拳打在麦克劳林脸上。² 几位试图阻止这场殴斗的旁观者也被误伤。

但即便如此，也比不上 1856 年的暴力事件。当时，南卡罗来纳州众议员普雷斯顿·布鲁克斯（Preston Brooks）大摇大摆地走进参议院议事厅，用一根金属头手杖将马萨诸塞州参议员查尔斯·萨姆纳（Charles Sumner）打得昏迷不醒。³ 这是 1830 年至 1860 年间国会爆发的 70 场肢体冲突之一！⁴ 你还认为今天的紧张局势是有史以来最糟糕的吗？

人们也常常认为战争是"史上首次且最严重的"。尽管战争无疑具有悲剧性，但东欧和中东的战争并非新鲜事。自 1990 年以来，前南斯拉夫诸国、格鲁吉亚、车臣、阿尔巴尼亚、摩尔多瓦和乌克兰（不仅是最近，2014 年也有一次）都爆发过战争或重大冲突。中东地区呢？不仅是以色列建国至今，甚至在整个历史长河中，中东战火从未平息——而美国在该地区的卷入可以追溯

到数百年前(1801年,美国海军陆战队被派往现在的利比亚,以保护航运线路免受恐怖分子巴巴里海盗的袭击)。⊖

自然灾害又如何呢?自宇宙大爆炸以来,自然灾害就一直困扰着世界。没有证据表明自然灾害的频率或强度在增加。

有些人声称即使是天气也因为某些原因变得更加严重和不可预测,使得飓风等灾害更加猛烈。然而,这无法解释为何1900年的加尔维斯顿飓风(Galveston Hurricane)是美国历史上造成死亡人数最多的飓风。[5] 自1851年有记录以来,飓风最活跃的10年是19世纪80年代,共发生了25次,其次是20世纪40年代的23次和20世纪10年代的21次。[6] 至于强度?19世纪80年代有8场飓风被评为3级或更高,而21世纪10年代仅有3场(总计13场)。截至2023年飓风季,21世纪20年代已有9场飓风登陆,其中5场达到3级或以上——这与历史数据相比并无显著异常。

为什么这很重要?简单来说,人们往往会夸大当前

⊖ 巴巴里海盗是指16世纪至19世纪在北非巴巴里海岸(今摩洛哥、阿尔及利亚、突尼斯和利比亚一带)活动的海盗。——译者注

危机的重要性，并错误地记忆过去的历史创伤。你认为现在的地缘政治紧张吗？相比冷战时期呢？你觉得现在的债务高吗？第二次世界大战结束后，债务占 GDP 的比例比现在更高（详见第 13 章）。美国曾经历过长期的食品配给和汽油配给——不仅仅是为了应对短暂的自然灾害。夏威夷、纽约和华盛顿特区本土曾遭受过攻击；海外大使馆也多次遇袭。美国经历过石油危机、大罢工、经济衰退、社会骚乱、恶性通货膨胀和通货紧缩。会计丑闻、总统弹劾、恐怖主义对美国本土的袭击，这些都屡见不鲜。

这并不意味着新问题从未出现。新冠疫情确实是前所未有的。但即便如此，它也未能长期阻止股市的上涨。那次熊市仅持续了一个多月。随后的限制措施并未如许多人担心的那样引发新一轮熊市。相反，股市在 2021 年一路飙升。

无论是新问题还是老问题，股市都有着克服重大负面事件的辉煌纪录。表 15-1 展示了自 1934 年以来每年的重大事件及全球股市的年收益率。纵观这一切，股市总体呈上升趋势。是的，熊市确实会发生，但没有任何一次美国或全球熊市是由自然灾害引发的。除了第二次世界大战在欧洲爆发，地缘政治紧张——甚至是重大恐怖袭击和热战的爆发——对股市的影响都是短暂的。是的，俄罗斯与乌克兰在2022年爆发冲突，同年也出现了熊市。但股市在事件发生前两个月就已见顶了。俄乌冲突只是引发那次相对较小、情绪驱动的熊市的众多恐惧因素之一，其他因素还包括加息、供应链混乱、高通胀以及对中期选举的担忧。

表15-1 从不平静的历史

年份	事件	股票年收益率
1934年	华尔街进行重大改革；美国《全国工业复兴法》实施价格管制；希特勒宣布胜选	2.55%
1935年	意大利入侵非洲；希特勒废弃《凡尔赛条约》；遭遇尘暴灾害；《社会保障法案》出台；《全国工业复兴法》被推翻	22.78%
1936年	希特勒占领莱茵兰；对纳粹实施绥靖政策；西班牙内战爆发；美国最高税率达到79%	19.28%
1937年	美国陷入经济衰退；资本支出与工业生产双降	-16.95%
1938年	纳粹吞并奥地利，并入侵捷克斯洛伐克；新英格兰遭受飓风重创	5.61%
1939年	德国与意大利签订军事同盟；英国、法国与波兰结盟；波兰遭入侵，第二次世界大战爆发	-1.44%
1940年	法国落入希特勒之手；英国保卫战；美国最高税率超过81%；华尔街出台新规	3.53%
1941年	珍珠港遭袭；德国入侵苏联；美国对日本、意大利、德国宣战	18.74%
1942年	实施战时价格管制；中途岛战役打响；美国最高税率达88%	1.19%

第15章 局势动荡将困扰股市

（续）

年份	事件	股票年收益率
1943年	美国实行肉类与奶酪配给制；价格与工资管制；德军潜艇发起大规模攻击；美国财政赤字占GDP比重超30%	19.89%
1944年	消费品短缺；盟军登陆诺曼底；美国最高税率创纪录达到94%	−10.24%
1945年	预测战后经济衰退；美军登陆硫磺岛；罗斯福总统逝世；原子弹在日本投下	11.03%
1946年	美国净债务超过GDP的100%；1946年就业法案通过；钢铁与造船工人罢工	−15.12%
1947年	冷战阴云密布；美国通胀高企；以色列/巴勒斯坦问题升温；印巴战争爆发	3.20%
1948年	美国接管铁路以避免罢工；以色列独立；美国经济衰退	−5.73%
1949年	苏联试爆原子弹；英国宣布英镑贬值	5.42%
1950年	朝鲜战争爆发；麦卡锡主义盛行；全球人口突破25亿	25.48%
1951年	征收超额利润税；罗森伯格审判；朝鲜战争持续；美国试爆氢弹；马歇尔计划终结	22.45%
1952年	美国为避免罢工接管钢铁厂；埃及革命爆发；约旦政变；美国小儿恐慌达到高峰	15.82%
1953年	欧洲遭遇北海洪水；苏联引爆氢弹；经济衰退；斯大林逝世；朝鲜战争结束	4.84%
1954年	道琼斯指数突破300点，市场恐高情绪蔓延；布朗诉托皮卡教育局案引发种族融合辩论	49.82%
1955年	艾森豪威尔患病；华沙条约组织成立	24.74%
1956年	苏伊士运河危机——以色列与埃及开战；亚洲流感蔓延	6.58%
1957年	苏联发射卫星开启太空竞赛；经济衰退；小石城中央高中种族融合危机；艾森豪威尔中风	−6.02%
1958年	经济衰退；美国海军陆战队进驻贝鲁特	34.46%

（续）

年份	事件	股票年收益率
1959年	卡斯特罗在古巴掌权；美国钢铁工人罢工	23.30%
1960年	经济衰退阴云笼罩；苏联击落U-2间谍飞机；全球人口突破30亿大关	3.49%
1961年	美军进入越南；自由骑士——民权运动	20.78%
1962年	古巴导弹危机悬于一线；肯尼迪总统铁腕打压钢铁价格，对古巴实施禁运	-6.21%
1963年	肯尼迪总统遭刺杀；种族融合与隔离之争，愈演愈烈	15.38%
1964年	东京湾事件触发越战；种族暴动席卷城乡；巴西政变；种族隔离法令终结	11.25%
1965年	民权游行；美国常规部队踏上越南战场；印巴战争；美国东北部大停电，三千万人陷入黑暗	9.83%
1966年	越战烽火愈演愈烈；尼日利亚政变	-10.12%
1967年	美国种族暴动；英国议会将钢铁产业90%收归国有；中东六日战争	21.28%
1968年	马丁·路德·金与罗伯特·肯尼迪遇刺身亡	13.94%
1969年	美国经济衰退；基准利率创历史新高；卡扎菲夺取利比亚政权	-3.86%
1970年	美军入侵柬埔寨；宾州中央铁路公司破产；澳大利亚波塞冬泡沫破裂；肯特州立大学枪击案	-1.98%
1971年	工资与价格冻结；布雷顿森林体系终结，金本位制废除；美元贬值	19.57%
1972年	美军在越南港口布雷；慕尼黑奥运会，以色列运动员遭谋杀；伊拉克国有化石油公司	23.55%
1973年	能源危机——阿拉伯石油禁运；美国经济衰退开始；水门事件；阿格纽辞职；赎罪日战争	-14.51%
1974年	40年最惨烈的市场下跌；尼克松辞职；日元贬值；富兰克林国民银行倒闭	-24.48%

第 15 章 局势动荡将困扰股市

（续）

年份	事件	股票年收益率
1975 年	纽约市破产；英国国有化汽车制造商；西班牙独裁者弗朗西斯科·佛朗哥去世	34.49%
1976 年	欧佩克提高油价；美国政府接管多家私营铁路；黎巴嫩内战	14.71%
1977 年	提高社会保障税；西班牙新法西斯分子在政治集会上发动袭击；纽约市大停电	2.00%
1978 年	利率上升；美国净债务超过 6 000 亿美元，是 20 世纪 70 年代初的两倍；俄亥俄州克利夫兰市违约	18.22%
1979 年	消费者价格指数通胀飙升；三里岛核事故；伊朗占领美国大使馆	12.67%
1980 年	史上最高利率；洛夫卡纳尔事件；两伊战争；克莱斯勒汽车公司救助；银价暴跌	27.72%
1981 年	严重经济衰退开始；里根遇刺；能源泡沫破裂；艾滋病首次被识别；以色列轰炸伊拉克核设施	-3.30%
1982 年	40 年最严重的经济衰退——利润暴跌；失业率飙升；美国对利比亚石油实施禁运	11.27%
1983 年	美军入侵格林纳达；美国驻贝鲁特大使馆遭轰炸；华盛顿州公共电力供应系统市政债券违约，创下违约纪录；美国净债务达到 1 万亿美元	23.28%
1984 年	当时创纪录的联邦赤字；美国联邦存款保险公司救助伊利诺伊大陆银行；美国电话电报公司因垄断被分拆；波斯湾油轮战争（两伊战争）；联合碳化公司博帕尔泄漏	5.77%
1985 年	军备竞赛；为阻止挤兑，俄亥俄州银行关闭；美国成为最大债务国，净债务达到 1.5 万亿美元——是 1980 年的两倍	41.77%
1986 年	美国轰炸利比亚；博斯基对内幕交易认罪；挑战者号航天飞机爆炸；切尔诺贝利核事故	42.80%

反"常识"投资

（续）

年份	事件	股票年收益率
1987年	创纪录的单日市场下跌；因伊朗-康特拉事件，里根被调查；世界人口达到50亿	16.76%
1988年	第一共和国银行倒闭；诺列加被美国起诉；泛美航空103航班爆炸；英国的"大爆炸"金融市场改革	23.95%
1989年	旧金山地震；美国军队部署在巴拿马；埃克森·瓦尔迪兹号油轮泄漏；储蓄协会危机——超过500家银行倒闭，成立清理信托公司（RTC）	17.19%
1990年	经济衰退；消费者信心暴跌；伊拉克入侵科威特——紧张局势升级	-16.52%
1991年	美国开始对伊拉克的空袭；失业率升至7%；爱尔兰恐怖分子袭击唐宁街10号；苏联解体	18.97%
1992年	飓风安德鲁席卷佛罗里达；洛杉矶发生暴乱；对经济衰退的担忧；激烈的选举竞争	-4.66%
1993年	美国增税；世界贸易中心遭到炸弹袭击；欧洲经历双重经济衰退；英镑贬值	23.13%
1994年	尝试实施国有化医疗保健；墨西哥比索危机	5.58%
1995年	弱势美元恐慌；克林顿救助墨西哥；日本奥姆真理教沙林毒气袭击；俄克拉荷马城爆炸案	21.32%
1996年	对通货膨胀的担忧；克林顿丑闻；霍巴塔大厦爆炸案；格林斯潘提到投资者的"非理性繁荣"	13.99%
1997年	10月科技"小型崩盘"和"太平洋地区危机"；中国香港回归；伊拉克解除武装危机	16.23%
1998年	俄罗斯卢布危机；长期资本管理公司崩溃；美国在非洲的大使馆爆炸事件	24.80%
1999年	千年虫问题带来恐慌与修复；克林顿遭弹劾；委内瑞拉雨果·查韦斯上台；科索沃战争	25.35%

(续)

年份	事件	股票年收益率
2000 年	互联网泡沫开始破裂；戈尔对阵布什——有争议的总统选举；美国科尔号驱逐舰遭炸弹袭击	−12.93%
2001 年	经济衰退；"9·11 恐怖袭击"；爱尔兰共和军轰炸 BBC；美阿战争；随之而来，有争议的《爱国者法案》被立法	−16.52%
2002 年	企业会计丑闻；萨班斯-奥克斯利法案通过；恐怖主义恐慌	−19.54%
2003 年	共同基金丑闻；伊拉克冲突；SARS 病毒；哥伦比亚号航天飞机爆炸；以色列在叙利亚境内发动空袭	33.76%
2004 年	对美元疲软和美国的"三重赤字"担忧；马德里火车爆炸案；印度洋海啸造成超过 10 万人死亡	15.25%
2005 年	卡特里娜飓风；油价飙升至 70 美元；伦敦七七爆炸案	10.02%
2006 年	伊拉克和阿富汗的持续战争；墨西哥毒品战争开始	20.65%
2007 年	金融公司进行减值；重大会计规则变更；以色列袭击疑似叙利亚核设施；次贷恐慌	9.57%
2008 年	全球金融恐慌；自 20 世纪 30 年代以来最严重的年度股市下跌；油价超过 140 美元；美国政府救市	−40.33%
2009 年	失业率超过 10%；大规模的全球财政和货币刺激；美国汽车业救助	30.79%
2010 年	欧元区主权债务恐慌；双底衰退恐慌；"闪电崩盘"；H1N1 猪流感疫情持续	12.34%
2011 年	日本地震和海啸；欧元区主权债务担忧；本·拉登被击毙；美国债务评级下调	−5.02%
2012 年	希腊两次违约；中东紧张局势升级；中东呼吸综合征疫情暴发；恐怖分子袭击美国驻利比亚大使馆	16.54%

（续）

年份	事件	股票年收益率
2013年	塞浦路斯救助；波士顿爆炸案；叙利亚内战；美国政府关门16天；《平价医疗法案》实施	27.36%
2014年	乌克兰与俄罗斯在克里米亚的冲突；埃博拉疫情暴发；俄罗斯卢布暴跌；全球油价跌破60美元	5.50%
2015年	希腊未偿还国际货币基金组织的贷款；人民币贬值；欧洲移民危机；巴黎恐怖袭击；美联储加息	0.49%
2016年	布鲁塞尔爆炸案；英国脱欧公投；巴西和韩国总统被弹劾；特朗普赢得美国总统选举	7.28%
2017年	英国退出欧盟；欧洲选举；美国多地发生飓风和野火	23.07%
2018年	美国政府停摆；意大利选举和债务危机；中美贸易摩擦；土耳其里拉贬值	−8.20%
2019年	全球经济衰退担忧；美国收益率曲线倒挂；中美贸易摩擦升级；特朗普总统被弹劾	28.40%
2020年	新冠疫情暴发；熊市；经济衰退；失业率飙升至14.7%；有争议的美国选举	16.50%
2021年	美国国会大厦暴乱；通胀担忧；供应链问题；新冠疫情变异株传播；塔利班重新控制阿富汗；量化宽松缩减	22.35%
2022年	俄乌冲突；通胀达到40年高点；全球多家央行加息；加密货币公司破产	−17.73%
2023年	全球经济衰退担忧；硅谷银行倒闭；劳工罢工；美国众议院议长被罢免；以色列与哈马斯开战	24.42%

数据来源：全球金融数据公司（Global Financial Data, Inc.），2024年3月22日。1970年至2023年的收益反映了摩根士丹利资本国际（MSCI）世界指数的表现，该指数衡量24个发达国家选定股票的表现，并包含股息和预提税。1970年之前的收益亦由全球金融数据公司提供，并模拟了一个包含股息的全球指数，假设该指数从1934年开始计算收益表现。

第 15 章 局势动荡将困扰股市

历史从来不是一帆风顺的。这个世界有时确实令人胆战心惊——从未有过一刻是平静的。然而，贯穿始终的是资本市场的韧性。如果你等待"风平浪静"后再投资，那你可能会等上很久。而如果你在动荡时期不投资，那你几乎没什么时间可以投资——并将会犯下严重的错误，因为股市在 73.5% 的年份中都是上涨的。[7]

面对所有这些戏剧性和伤痕累累的经历，股市为何还能上涨？世界上始终存在可怕的事情。那些众所周知的事件会迅速被市场消化。它们的存在对股市来说往往是好事，而非坏事。

此外，请记住，短期内股市可能会剧烈波动。但随着时间的推移，其上升趋势反映了盈利潜在的无限增长。正如本书多次提到的，盈利动机是一种极其强大的积极力量。它是市场经济的根基，也是经济繁荣的原因。利润动机并不会因为人类面临挑战而减弱。事实上，挑战和对创新的需求可以激励那些愿意冒险追逐未来盈利的人。资本市场具有韧性，因为人类具有韧性。那些对此持怀疑态度的人，一次又一次地被证明是错误的。

第 16 章

无条件相信新闻

"我在新闻里听到了,所以一定是真的。"

这句话，连同"这次不一样"，堪称最"昂贵"的语句之一。

我曾担任财经专栏作家 40 年之久，其中包括为《福布斯》杂志工作的 32 年半，这使我成为该杂志历史上任职时间最长的专栏作家，其间我经常撰文探讨解读新闻的挑战（与机遇）。在 1995 年 3 月 13 日的《福布斯》专栏《高级避坑指南》中，我提到避免流行思潮伤害的建议是：

"如果你在媒体上多次读到或听到某个投资理念或重大事件，它很可能已经失效了。等到几位评论员都思考并撰文讨论它时，即使是新消息也早已过时。"

有些人读到这句话，或我关于媒体的其他文章，会错误地认为我在否定新闻的价值，主张忽略资讯。绝非如此！新闻是投资者的朋友！不要忽略它。相反，要学会以不同且更正确的方式解读它，这整体上能为你带来投资优势。

换个角度看新闻

首先，阅读新闻能让你知道大家都在关注什么。这是一项免费为你提供的有价值的服务！

大多数人都知道，要想在市场中成功，他们需要知道一些其他人不知道的事情。

但他们不知道从哪里开始了解别人不知道的东西！一个简单的方法是，先了解大家都在关注什么——然后反其道而行之。你可以利用新闻做到这一点。

股票市场是所有广为人知的信息的高效折现工具。如果你能轻松地在网上、印刷品、电视或 24 小时/7 天新闻周期中找到某条信息——只需点击一下按钮，信息就能传遍全球——那么这条新闻很大程度已经反映在当前股价中，或者很快就会反映，速度快到你几乎没有机会据此交易。而且，某一新闻作为头条出现的时间越长，它对市场的影响力就越弱。

这并不意味着坏消息出现时，股市不会下跌。它可能会！新闻会影响情绪，而情绪变化很快。试图把握短期波动可能是危险的，大多数时候你很可能会在价格短期波动交易中被反复"打脸"。而且，对坏消息的初始情绪反应往往是过度恐慌。如果你因为坏消息而卖出，可能会在低位抛售，错失后来更好的退出时机——如果坏消息真的那么糟糕需要卖出的话。此外，卖出股票后，买入用以替代的股票，并不能保证新买入的只涨不跌。仅因坏消息而卖出，可能意味着高点买入，低点卖出，甚至错过可能的反弹。

此外，无论股市是涨是跌，其推动因素往往是媒体广泛讨论之外的其他因素（或是其他很多因素）。

这意味着，如果大家都在关注某件事，你可以放心地忽略它，从其他角度，关注那些被人们忽视的因素，关注那些可能真正影响未来市场走势的因素。而人们盯着后视镜驾驶，误以为能从中看到前方的路。这从来都行不通，有时甚至会导致灾难。

换个角度看。如果你能做到这一点，你就能比其他投资者，甚至大多数专业人士，更具优势。但如果你和其他人看同样的新闻，并以同样的方式解读，很可能会错过那些其他因素。你只是在随大流。

第 16 章 无条件相信新闻

把新闻当作情绪指标

新闻也是一个很好的情绪指标。情绪之所以关键，是因为在未来 12～24 个月内，市场情绪与需求实际上是可以互换的。（更多关于需求的内容，请回顾第 9 章。）如果你了解当前情绪的位置，就能对其未来加强或减弱做出合理假设，你就能更好地判断股市更可能上涨还是下跌。

你可能会讨厌我这么说，但衡量情绪往往更像一门艺术，而非科学。许多人使用消费者信心指数来衡量情绪，如密歇根大学和世界大型企业联合会（The Conference Board）发布的两个常用的消费者信心指数。

然而，我见过的每一个情绪指数都有缺陷。它们通常只能为你提供一幅关于人们平均感受的还不错的快照……上个月的。更准确地说，这些指数是上个月中旬人们感受的平均值。最好的情况下，它们与经济状态最多只能算同步指标，甚至更多是滞后指标。如果股市是前瞻性的（它们确实是），了解人们在上个月中旬的平均感受对你毫无帮助。没有证据表明任何信心调查具有可靠的预测性。

但如果你每天浏览三四份全国或全球性报纸，你可以很好地感受到普遍心态。正确地接触媒体，可以让你快速而轻松地获得对市场情绪的大致了解。

你真正需要寻找的是情绪的极端点。极端的狂热通常是一个坏信号——你几乎能在每一个牛市顶部看到它。这意味着，一点点坏消息就足以让人失望。同样，极端的悲观是熊市底部的特征。中间的情绪则相当正常，情绪在牛市中的短期波动也可能相当大。

解读并利用新闻

是的，新闻可以是一个宝贵的信息来源——前提是你知道如何解读和利用它。为此，你必须洞悉媒体行业的本质及其局限性。

大多数媒体机构都是营利性企业。一直以来都是如此！在过去，每个人早上都会在门口收到一份印刷版报纸，它们并不是由慈善机构送来的。如今，即使是"免费"的新闻网站也有成本——铺天盖地的广告在你眼前闪烁，有时还会收集和出售你的个人数据。它们不是为了公益事业——它们是想要盈利的商业行为。它们必须盈利，否则就会消失。这并没有什么错！追求利润是正

第 16 章 无条件相信新闻

确的。正是利润使公司能够增加股东价值、雇用员工、支付薪水、提供福利等。这些都是人们喜欢的事情。

为了维持运营,许多主流媒体依赖销售订阅服务,少数甚至成功销售了在线订阅。但无论现在、过去和将来,它们核心收入的来源都是广告。

为了获得更高的广告收入,它们必须吸引眼球。它们能吸引的眼球越多,广告商就越愿意为它们的广告位付费——无论是在线还是印刷版。

你听过这样一句话:"流血事件才能上头条。"这是真的!因为新闻节目制作人知道,如果晚间新闻的开头是一则温馨的故事——比如一个女童子军因她的公民学论文赢得了 1 000 美元奖学金——没人会看。他们知道必须以火灾、骚乱、抢劫、谋杀、阴谋等开头。

这并非偶然的。正如第 1 章所讨论的,这是因为进化使人类对危险高度敏感(以更好地避免野兽袭击、饥饿、冻死等)。

这意味着,由于根深蒂固的进化反应机制,投资者往往会采取行动以避免短期损失的可能性——即使这意味着长期损害自己,并错失获得更高收益的机会(再次提到"厌恶短期损失"的概念)。

这就是为什么坏新闻更有市场。这是事实。你凭直觉就能知道这一点。当媒体报道负面新闻时，这是一个纯粹的商业决策，目的是吸引眼球。这并没有什么错！如果你喜欢读报纸，希望它盈利，而盈利意味着媒体通常会优先报道人类天然最感兴趣的内容。换句话说，强调正面新闻可能会削弱盈利能力。所以，如果你觉得"我听到或读到的都是坏消息"，这很可能是真的！但这并非意味着世界上一切都糟糕。相反，这只是媒体公司试图最大化利润的结果。

有效地解读媒体的基本原则

了解媒体的运作方式及其原因后，如何成为一个更好的新闻读者，并真正从中获取有用的信息呢？请遵循以下几条基本原则。

1. 媒体报道新闻——从定义上讲，新闻是对已发生事件的报道。但股市是前瞻性的！

如果媒体报道了某件事，那么根据该新闻采取行动和交易的时机可能已经过去。

2. 股票反映所有广为人知的信息。

这并不意味着股市在短期内总是正确的。实则不然！因为人们并不总是正确的。相反，股市反映的是普遍持有的观点。

3. 因此，预测市场方向是关于衡量相对预期的。

在预测未来 3～30 个月的股市时，现实可能不如预期重要。了解大多数人的预期，并围绕你认为可能发生的事情估计合理的概率。正是现实与预期之间的差距推动了股市波动。

4. 不要机械地进行逆向思维。

认为与你读到的内容完全相反可能很诱人，但这并不会比随大流更有帮助。仅仅因为媒体说某件事如此，并不意味着相反的情况就是真的。这可能只是意味着预期的影响被低估或高估了。他们说某件事是这样，并不意味着它就是如此。把这句话当作你的座右铭。

5. 始终将数据放在适当的背景中，并忽略作者的立场。

记者知道，仅仅提供"谁 / 什么 / 哪里 / 何时 / 为什么 / 如何"可能并不总能吸引流量。他们可能会采用一种激动人心的叙述，以增加娱乐性，但这可能会掩盖现实。或者他们可能会使用轶事，虽然轶事引人入胜，但可能没有统计学意义。这没关系！如果报纸无聊，大多数人不会读它。但如果你试图衡量可能的市场影响，这可能不太有用。在脑海中划掉形容词和副词，忽略轶事，除非它们突出了某些基本的东西，并专注于事实。然后在上下文中考虑它们。量化数字的规模，并追问："对全球市场有怎样的影响？"

6. 保持政治中立。

许多人有一种他们认为正确的意识形态。这没关系！但意识形态是另一种可能蒙蔽你的偏见。

新闻媒体知道这一点。它们通常迎合那些支持某种意识形态的人——但只关注一个新闻来源可能会让你陷入一个仅仅强化你自己观点的回声室。因此，多样化你的阅读来源。避免认为"我通常赞同这群人的观点，这意味着他们总是绝对正确"。请做一个无差别的怀疑者。

遵循这些基本原则，你将成为一个更好、更明智的新闻阅读者。不要忽略媒体——让它为你服务。

第 17 章

这个投资好得令人难以置信

"你一定要参与进来!
这个投资看起来好得令人难以置信!"

警告：好得令人难以置信的事情，几乎总是假的。

我在 2009 年出版的《如何识破骗局》(*How to Smell a Rat*) 一书中，揭示了金融欺诈的五大迹象。这本书是在数十亿美元规模的麦道夫庞氏骗局曝光后撰写的——这一骗局尤其令人痛心，因为人们本可以轻易地避免它。为什么？关键投资决策者同时也是资金托管人——这是庞氏骗局可能存在的首要迹象。

这意味着什么？麦道夫负责决定客户投资组合买卖的证券和时机，而客户则将资金存入麦道夫投资证券公司。这无异于让狐狸看守鸡舍。

麦道夫于 1960 年创立了麦道夫证券公司，当时以及现在看来，它似乎一直是一家合法的经纪公司——它

第 17 章　这个投资好得令人难以置信

曾是纽约证券交易所和纳斯达克证券市场上美国最大的做市商公司之一。问题并不在于经纪业务本身，而在于麦道夫同时控制了它和对冲基金。由于麦道夫同时掌控了投资顾问和资金托管两方，技术上他可以轻易伪造报表，并通过不当手段转移资金——持续多年！

这是我研究过的每一个金融庞氏骗局的基本结构。要么投资顾问和资金托管人最终由同一人控制，要么投资顾问对资金托管人施加某种形式的影响。令人惊讶的是，在麦道夫和同时期的艾伦·斯坦福（R. Allen Stanford）庞氏骗局丑闻曝光后的大量报道中，我从未看到有人关注这一关键因素。

分离决策者与托管人

如果你将两者分开——坚持将资金存放在一个独立的、知名的、受监管的国家级托管机构中，并以你自己的名义（或你与配偶的名义，或你的信托名义等）开设账户并亲自存入资金——你就能让金融庞氏骗局几乎无法实施。

即使你不是将资金交给基金经理或投资顾问这样

的"决策者",你仍然需要仔细考虑托管问题。在注定要失败的加密货币交易所FTX的投资者们,并没有给现在已被监禁的创始人山姆·班克曼－弗里德(Sam Bankman-Fried)无限的资金交易权限,让他可以随心所欲地买卖。他们只是在交易所投资,拥有对账户的决策权。听起来很安全!

问题出在哪儿呢?由于加密货币交易所未注册且不受监管,FTX并未像大型银行和证券公司一样面临相同的监管机制。因此,当班克曼－弗里德告诉投资者他们的资金与公司资产分开托管时,实际上他将数十亿美元转移到了一家兄弟对冲基金中——并用这些资金购买豪宅和进行巨额政治捐款。[1] 由于交易所不受监管,当骗局崩溃、FTX破产时,投资者的账户并未获得美国证券投资者保护公司(SIPC)的联邦保险赔付。[2]

此外,由于FTX未上市,它无须公布其财务或资产负债表信息。并非所有私营公司都是可疑的骗子。公司有很多正当理由不公开经营信息。我的公司就是如此。但对于那些意图欺骗的人来说,缺乏强制性的公开披露为隐蔽真相提供了掩护。

尽管如此,并非所有同时担任投资顾问和托管人的机构——甚至并非所有不受监管的托管人——都一定会

第 17 章　这个投资好得令人难以置信

欺骗你。我个人将我的业务设置为两者分离，以保护客户免受员工道德风险或公司内控失效的影响！（有报道称，麦道夫最初并未打算欺诈。但在市场下跌导致收益不佳后，他开始伪造账户报表。一个如此脆弱的人根本不应该管理他人的财富。）但投资顾问选择同时托管资金可能有正当理由——这也是你需要警惕其他四个潜在金融欺诈迹象的额外原因。

1. 你的投资顾问同时托管你的资产。

2. 收益优异并一直持续！几乎好得令人难以置信。

3. 投资策略难以理解、模糊不清、花哨或"过于复杂"，以至于无法让你轻松理解。

4. 你的投资顾问宣传的优点与投资结果毫无关联，比如"独家认购"。

5. 你没有亲自进行尽职调查，而是依赖受信任的中间人替代尽职调查。

你应该对任何你选用的公司进行尽职调查。但如果一家公司有一个风险迹象，就需要更深入的调查。如果有多个迹象，务必格外警惕。宁可多疑而安全，也不要轻信而后悔。

盲目相信"好得令人难以置信"的收益，是特别危险的。

收益高且稳定——虚假

这里有两种基本类型——任何一种都应让你产生怀疑。第一种是异常稳定的收益。

这是麦道夫的把戏。年复一年,他公布的客户收益率都在10%~12%。市场大涨,他的收益率是10%~12%。市场大跌,收益率仍然是10%~12%。甚至每月的收益率也很稳定。没有大幅下跌的月份或年份。这看似是美梦成真,实际上却是噩梦——通常,"好得令人难以置信"的收益都是如此。

这种稳定性就像一种麻醉剂。它吸引我们原始的大脑,让我们不愿过多质疑——骗子讨厌被严厉质疑。但这种稳定性应立即引人警惕。

为什么10%的年收益率会令人警惕?毕竟,股票的长期年化收益率约为10%。[3]但这是一个平均值,显然包含了巨大的波动性。实际上,年收益率接近10%的年份非常罕见。更多时候,它们要么大幅上涨,要么大幅下跌,如第7章的表7-1所示。了解这一点——从内心里接受股票收益率天然具有波动性——本可以为麦道夫的潜在受害者以及多年来无数庞氏骗局的受害者,提供额外的保护。回报率如此稳定,不仅偏离了现实——更是一个明确信号，表明某些环节可能已严重失常。

如果收益率低且稳定，情况可能不同。短期波动性较低的投资组合（即股票比例较小）确实可能年收益率波动较少。但这意味着收益率远低于股票的长期平均水平。即使是固定收益资产占比较大的投资组合也会有下跌的年份。在不考虑通胀的情况下，只有现金或类现金工具占比较大的投资组合才可能年度收益不为负。

长期收益率与股票长期平均水平相当的投资组合，平均而言应具有类似股票的波动性，这是无法避免的。如果有人向你推销一个长期收益率与股票相当但波动性极低的投资组合，务必极度怀疑。最好直接离开。

收益超高——同样虚假

第二种常见的骗局手法是承诺巨大的、超高的收益，无论是庞氏骗局还是其他骗局都是如此。这是利用人性的贪婪，既纯粹又简单。

加密货币的迅速崛起为"好得令人难以置信"的骗局提供了肥沃的土壤。例如，2022年年初，投资者疯狂追捧一种名为TerraUSD的加密货币。这种"算法稳定币"（Algorithmic Stablecoin）与美元挂钩，并与名为LUNA的伴生代币绑定，其与TerraUSD的波动创造了套利机制，旨在维持TerraUSD与美元的等价关系，而基于Terra区块链的贷款平台Anchor则为Terra存款提供20%的利率。[4]

听明白了吗？没有？我不怪你！这是明显的第三条警示信号——投资策略难以理解、模糊不清、花哨或"过于复杂"，以至于无法让你轻松理解——务必警惕。

遗憾的是，许多投资者并未看到警示信号——他们脑海中闪烁的只有20%的存款利率。20%？几乎好得令人难以置信！

不是几乎。它就是好得令人难以置信。2022年5月，TerraUSD投资者大量抛售其持有的代币，这种"稳定币"被证实一点也不稳定——它暴跌，LUNA也随之崩盘。约400亿美元市值蒸发，TerraUSD母公司Terraform Labs的首席执行官权道亨（Do Kwon）逃之夭夭。[5] 他最终在东欧黑山被捕……并被定罪为欺骗投资者。[6]

还有史蒂文·里斯·刘易斯。2021年，他以"HyperVerse"加密货币基金首席执行官的身份亮相。

第 17 章　这个投资好得令人难以置信

刘易斯并没有欺骗任何人。他的问题是……更有问题。

准确地说，他并不存在。

许多投资者确实以为他存在。毕竟，2021 年 12 月，一名男子以"史蒂文·里斯·刘易斯——HyperVerse 首席执行官"的身份出现在公司的产品发布视频中。[7] 他吹嘘自己拥有令人印象深刻的履历：拥有利兹大学和剑桥大学的学位，是高盛的衍生品交易员，是一家出售给 Adobe 的网页开发公司的创始人，筹集了 1 000 万美元创办 IT 咨询初创公司，专注于构建基于区块链的解决方案。[8] 华丽的术语！响亮的名字！超高的可信度！

谁不想投资给这样的人——尤其是当 HyperVerse 提供"会员资格"，承诺最低每日收益 0.5%，600 天内收益 300%！[9] 甚至像苹果联合创始人斯蒂夫·沃兹尼亚克和查克·诺里斯这样的名人也曾在推特上为 HyperVerse 发声表示支持！[10] 如果沃兹尼亚克和《德州巡警》的沃克㊀都为其背书，你为什么不呢？

但你看到所有这些警示信号了吗？**好得令人难以置信的收益！独家会员资格！受信任的中间人！**毫不

㊀ 《德州巡警》是一部美国电视剧，主角是亚历克斯·沃克（Alex Walker），由查克·诺里斯（Chuck Norris）饰演，他是一个有正义感、值得信赖的角色。——译者注

奇怪，HyperVerse 最终崩盘……《卫报（澳大利亚版）》的调查显示，刘易斯"似乎并不存在"。原来，他是一名付费演员，他表示当自己发现公司如何利用他的表演时，"完全震惊了"。[11] 在我撰写此文时，美国当局指控 HyperVerse 是一个 17 亿美元的传销骗局，并对多名相关人员提起欺诈指控。[12] 沃兹尼亚克和诺里斯是怎么回事呢？那些"背书"似乎是通过 Cameo 软件服务获得的一般性评论，该服务可以通过付费获取名人问候和简短视频。本来通常用于生日祝福，但在这里，它们被用于骗局。

"好得令人难以置信"的骗局并不局限于加密货币。它在每一种资产中都会出现，甚至包括无聊的老式银行存单（CD）。

还记得被判有罪的骗子艾伦·斯坦福吗？他在位于安提瓜岛的银行出售了 80 亿美元的存单，利率高得不可思议——当时超过 16%！而真正的银行存单利率只有这个数字的一半。历史上，其他骗子也做过同样的事情——保证远高于股票水平的高额收益，或者不合理的高收益，并且经常在很短的时间以内，比如"三个月内让你的钱翻倍"……诸如此类的保证。

但没有人能合法地保证你任何东西。是的，美国国

第 17 章 这个投资好得令人难以置信

债在某种程度上是有保障的,因为本金和利息支出受到美国政府完全的信用支持。如果你购买国债并持有至到期,美国政府承诺你将按时获得本金和利息。但如果你在到期前出售,你可能会亏损(见第 1 章)。

即使是带有保证的年金产品,因为它们本质上是保险合同,仍然附有警告,年金的价值取决于保险公司是否具有偿付能力。(关于年金以及为什么它们通常不是寻求长期增长的投资者的良好选择的更多信息,请参阅我 2010 年出版的《投资误区揭秘》(*Debunkery*)一书的第 15 章和第 16 章。)

我不能向你保证任何事情,因为没有人能或应该这样做。但我几乎可以保证,如果有人向你推销一个"稳赚不赔"且收益超高的投资,那很可能是骗局。

形形色色的骗局

如今,大多数读者可能都熟悉"尼日利亚骗局"(也称为 419 骗局,源自尼日利亚刑法第 419 条)。这种骗局始于互联网发展初期——通常是通过电子邮件发送的拙劣、语无伦次的请求,声称自己是失势的皇室成员,需要你的帮助以便从某个战乱国家转移 2 500 万美元。虽然有许多变种，但请记住：如果有人要求你汇款以帮助他们释放更大一笔资金，并承诺与你分享，那很可能是骗局。

近年来，骗子利用人工智能对一些旧骗局进行了"升级"。过去骗子会打电话给被骗目标，声称自己是陷入困境的亲戚或朋友——"快寄钱，奶奶！"——而现在，他们可能会使用你的声音或类似的声音。如何做到？骗子从社交媒体上获取包含你音频的片段，将其输入 AI 程序，然后就"搞定啦"！

但新工具背后是古老的策略：制造紧迫感，以抑制对方的怀疑和常识。所以，如果遇到这种情况，请保持冷静。问一些只有真实的人才知道答案的问题。或者挂断电话，用可信的号码回拨。或者两者都做。

新的骗局总是层出不穷。你可以访问 FBI 的反欺诈部门，了解当前流行的骗局，以更好地武装自己。

无论是什么骗局，骗子在最初阶段可能会通过每月或每季度寄送支票来让受害人相信其合法性。这些支票很少来自真正的投资收益，而更可能是来自新受害人投入的现金流——典型的金字塔式骗局。他们可能会试图让最初的受害者满意，因为他们可以利用这些受害者向未来的受害人推销骗局。骗子经常利用受害者来吸引其社交圈中的其他人。你的朋友、同事或教会团体根本就不认识那些骗子，但他们认识你！并且信任你。如果你收到了几张支票并感到满意，那对骗子来说是一个巨大的"信任票"。骗子可能会利用这种信任，将你的更多朋友变成受害者。这是一场肮脏的游戏。

这些故事有何寓意呢？如果某件事看起来"好得令人难以置信"，那它很可能就不是真的。这是常识！

注　释

第 1 章　债券比股票更安全

1. Global Financial Data, as of 2/23/2024. USA 10-year Government Bond Total Return Index, 12/31/2021-12/31/2022.
2. Global Financial Data, Inc., as of 2/26/2024. S&P 500 total return and USA 10-year Government Bond total return, rolling 20-year periods, 1925-2023.
3. 同上。
4. 同上。
5. 同上。
6. Jeremy Warner, "High Energy Prices Need Not Mean Doom," *The Sydney Morning Herald*, January 21, 2011.
7. U.S. Energy Information Administration, as of 2/16/2024. World crude oil including lease condensate reserves, 1980-2021. World natural gas reserves, 1980-2020.
8. OPEC, as of 2/16/2024. OPEC Annual Statistics Bulletin, 2023, and OPEC Bulletin, February-March 2014. World

oil demand for 1980 and 2022.
9. OPEC and The World Bank, as of 2/16/2024. Statement based on global oil production, 1980 and 2022, and world GDP, 1980 and 2022.
10. "Cramming More Components onto Integrated Circuits," Gordon Moore, *Electronics*, April 19, 1965.
11. Intel, as of 2/23/2024. "Intel Research Fuels Moore's Law and Paves the Way to a Trillion Transistors by 2030," December 3, 2022.

第 2 章　资产配置捷径

1. Determinants of Portfolio Performance, Gary P. Brinson, L. Randolph Hood and Gilbert L. Beebower, *Financial Analysts Journal*, July/August 1986.
2. Global Financial Data, as of 2/23/2024. Annualized Average of US Consumer Price Index, 1/31/1947-1/31/2024.

第 3 章　波动性仅仅是波动性

1. Global Financial Data, Inc. and FactSet, as of 2/26/2024. USA 10-year Government Bond Total Return Index, 12/31/2021-12/31/2022.
2. Global Financial Data, Inc. and FactSet, as of 3/1/2024. USA

30-year Government Bond Total Return Index, 12/31/2021-12/31/2022.

3. Global Financial Data, Inc., as of 2/23/2024. S&P 500 Total Return Index from 1/31/1926-12/31/2023.

第 4 章　比以往波动更大

1. Global Financial Data, Inc., as of 3/1/2024. S&P 500 total return index, 12/31/1925-12/31/2023.

2. Global Financial Data, Inc., as of 3/1/2024. S&P 500 total return index, 12/31/2021-12/31/2022.

3. Global Financial Data, Inc., as of 3/1/2024. S&P 500 total return index, 12/31/2019-12/31/2020.

4. Global Financial Data, Inc., as of 3/1/2024. S&P 500 total return index, 12/31/1925-12/31/2023.

5. Global Financial Data, Inc., as of 3/1/2024. S&P 500 total return index, 12/31/1931-12/31/1932.

6. Global Financial Data, Inc., as of 3/1/2024. S&P 500 total return index, 12/31/1932-12/31/1933.

7. Global Financial Data, Inc., as of 3/1/2024. S&P 500 total return index, 12/31/2008-12/31/2009.

8. Global Financial Data, Inc., as of 3/1/2024. S&P 500 total return index, 12/31/1997-12/31/1998.

9. Global Financial Data, Inc., as of 3/1/2024. S&P 500 total

return index, 12/31/2009-12/31/2010.

10. Global Financial Data, Inc., as of 3/1/2024. S&P 500 total return index, 12/31/1976-12/31/1977.
11. Global Financial Data, Inc., as of 3/1/2024. S&P 500 total return index, 12/31/1952-12/31/1953.
12. Global Financial Data, Inc., as of 3/1/2024. S&P 500 total return index, 12/31/2004-12/31/2005.
13. Global Financial Data, Inc., as of 3/1/2024. S&P 500 total return index, 12/31/2018-12/31/2019.
14. Global Financial Data, Inc., as of 3/1/2024. S&P 500 total return index, 12/31/2014-12/31/2015.
15. Global Financial Data, Inc., as of 3/1/2024. S&P 500 total return index, 12/31/1972-12/31/1973.

第5章 终极追求：既保本又增值

1. Global Financial Data, as of 2/23/2024. Annualized Average of US Consumer Price Index, 1/31/1947-1/31/2024.
2. FactSet, as of 3/5/2024. US 10-year and 30-year Treasury Bond Yields.

第6章 GDP与股市脱节的危机

1. US Bureau of Economic Analysis, as of 3/8/2024.

2.Global Financial Data, as of 3/8/2024. Based on S&P 500 Total Return Index, 12/31/1925-12/31/2023.

3. US Bureau of Economic Analysis, as of 3/8/2024.

4. FactSet, as of 3/7/2024. S&P 500 Total Return Index, 1/3/2022-10/12/2022.

第 7 章　永远赚 10%

1. Global Financial Data, as of 3/8/2024. ICE BofA Corporate 7-10Y AAA Index.

2. Global Financial Data, as of 3/8/2024. ICE BofA High Yield 7-10Y B Index.

3. Bankrate, as of 3/8/2024.

4. 同上。

5. 同上。

第 8 章　高股息：带来稳定的收入

1. Boeing Company, as of 3/11/2024.

2. "GE Plans to Reduce Quarterly Dividend in Conjunction with Revised Capital Allocation Framework," GE, 11/13/2017.

3. "GE Announces Third Quarter 2018 Results," GE, 10/30/2018.

4. FactSet, as of 3/11/2024.

5. "5 Big Dividends & Buybacks: Big Lots Suspends Payout,

Tegna Hikes by 20%," Davit Kirakosyan, Investing.com, 5/30/2023.

第 9 章　小盘价值股具有永久优势

1. Global Financial Data and New York Life Investments, as of 3/7/2024. S&P 500 Total Return Index and Ibbotson Small Company Stock Index, 12/31/1925-12/31/2023. Underlying small stock data is from the *Stocks, Bonds, Bills, and Inflation (SBBI) Yearbook*, by Roger G. Ibbotson and Rex Sinquefield.
2. FactSet. Statement based on S&P 500 Total Return Index and Russell 2000 Index Total Returns, 12/31/2013-12/31/2019.
3. 同上。Statement based on S&P 500 Total Return Index and Russell 2000 Index Total Returns, 12/31/2019-2/19/2020.

第 10 章　等到有把握之后再行动

1. Global Financial Data, as of 2/27/2024. S&P 500 Total Return Index, 12/31/1925-1/3/2022.

第 12 章　高失业率拖累了股市

1. FactSet, as of 3/22/2024. Based on US personal consumption

expenditures and gross domestic product, Q4 2023.

2. Federal Reserve Bank of St. Louis, as of 3/19/2024. Real personal consumption expenditures, 11/30/2007-7/31/2010.

3. FactSet, as of 3/19/2024. Monthly US unemployment rate (seasonally adjusted), 11/30/2007 to 1/31/2016.

4. FactSet, as of 3/22/2024. Based on US personal consumption expenditures, 2004-2023.

第13章 高负债是大问题

1. Treasury.gov, as of 3/22/2024. US historical debt outstanding, 9/30/2012-9/30/2023.

2. FactSet, as of 3/22/2024. US 10-year Treasury yield, 12/31/2009.

3. 同上。US 10-year Treasury yield, 12/31/2019.

4. 同第2条。US 10-year Treasury yield, 12/31/2020.

5. 同第2条。US 10-year Treasury yield, 7/31/2023.

6. 同第2条。US 10-year Treasury yield, 12/29/2023.

第14章 美元强势，则股市强势

1. International Monetary Fund, as of 3/22/2024.

2. National Highway Traffic Safety Administration, as of 3/28/2024.

3. 同上。

第 15 章　局势动荡将困扰股市

1. "Duel on the Hill," Lois Romano, *The Washington Post*, 3/5/1985.
2. United States Senate, as of 4/5/2024. "The Censure Case of John L. McLaurin and Benjamin R. Tillman of South Carolina (1902)."
3. 同上。"The Caning of Senator Charles Sumner."
4. "2 Fights Nearly Broke Out in Congress This Week—Here Are Some of the Legislature's Biggest Fights in History," Conor Murray, Forbes.com, 11/15/2023.
5. "The Worst Hurricanes in American History," *Reuters*, 8/29/2023.
6. National Oceanic and Atmospheric Administration, as of 4/5/2024. Continental United States Hurricane Impacts/Landfalls 1851-2022, and "2023 Atlantic Hurricane Season Ranks 4th for Most-Named Storms in a Year."
7. Global Financial Data, Inc., as of 2/23/2024. S&P 500 Total Return Index, 1/31/1926-12/31/2023.

第 17 章　这个投资好得令人难以置信

1. Office of Public Affairs, U.S. Department of Justice, as of 4/22/2024. "Samuel Bankman-Fried Sentenced to 25 Years for His Orchestration of Multiple Fraudulent Schemes,"

3/28/2024.

2. "FTX's Money Isn't Insured, FDIC Says," Emma Roth, *The Verge*, 8/20/2022.

3. Global Financial Data, as of 3/11/2024. S&P 500 Total Return Index, monthly annualized return, 12/31/1925-2/29/2024.

4. "How $60 Billion in Terra Coins Went Up in Algorithmic Smoke," Muyao Shen, Bloomberg.com, 5/20/2022.

5. "Crypto Magnate Do Kwon Found Liable for Multibillion-Dollar Fraud," Joel Khalili, *Wired*, 4/5/2024.

6. Securities and Exchange Commision, "Statement on Jury's Verdict in Trial of Terraform Labs PTE Ltd. and Do Kwon," 4/5/2024.

7. "Chief Executive of Collapsed Crypto Fund HyperVerse Does Not Appear to Exist," Sarah Martin, *The Guardian*, 1/3/2024.

8. 同上。

9. 同上。

10. 同上。

11. "'I Do Feel Bad About This': Englishman Who Posed as HyperVerse CEO Says Sorry to Investors Who Lost Millions," Sarah Martin, *The Guardian*, 1/10/2024.

12. Securities and Exchange Commission, as of 4/22/2024. "SEC Charges Founder of $1.7 Billion 'HyperFund' Crypto Pyramid Scheme and Top Promoter with Fraud," 1/29/2024.

致　谢

这个"小书"系列犹如一股不可阻挡的力量,而我很荣幸能为这一独特的文集贡献更新版。对我来说,打破所谓的投资"常识"既是一种爱好,也是一项职业要求。在我看来,这是投资者能够显著降低错误率从而提升投资成果的较为简单的方法之一。然而,太多人甚至从未意识到,他们应该质疑那些自己(以及大多数人)深信不疑的观念。

首先,我必须感谢劳拉·W.霍夫曼斯,她在十多年前为本书的初版付出了辛勤的努力,而那个版本在多年后依然经久不衰。同时,我也要向克里斯·恰尔米耶洛致以诚挚的谢意,他为这一最新版本撰写了更新内容。他的出色工作让这次更新变得异常轻松——简直如沐春风。

第 2 版的数据更新工作由费雪投资公司的两位研究专家 Brenden Sornson 和 Jimmy Morris 完成,他们的辛勤付出令人钦佩。此外，还要感谢 Todd Bliman 和 Elisabeth Dellinger，出版过程中他们在审阅和更新方面提供了诸多建议。

费雪投资公司的投资政策委员会成员 Aaron Anderson、William Glaser、Michael Hanson 和 Jeff Silk 与我一起为公司客户做出投资组合决策。虽然他们并未直接参与本书的撰写，但他们的见解无疑深刻影响了我的观点。首席执行官 Damian Ornani 负责公司的日常运营——没有这五位杰出绅士的共同努力，公司不可能取得成功。而如果我的公司未能成功，恐怕也不会有人对我所写的内容感兴趣。

我还要感谢 John Wiley & Sons 出版公司的优秀团队，特别是执行编辑 Stacey Rivera，以及其他团队成员：Delainey Henson 和 Gajalakshmi Sivakumar。同时，感谢我优秀的经纪人 Jeff Herman，是他将我引荐给了 John Wiley & Sons 出版公司。

最后，也是最重要的：感谢我的妻子 Sherrilyn，我永远感激她的支持与耐心。

肯·费雪

得克萨斯州达拉斯市